◆幼儿园教师必备丛书·第三辑

怎样做幼儿教师

张洪梅◎编著

上海科学普及出版社

图书在版编目（CIP）数据

怎样做幼儿教师 / 张洪梅编著. -- 上海 : 上海科学普及出版社, 2018.9（2023.12重印）
（幼儿园教师必备丛书. 第三辑）
ISBN 978-7-5427-6886-5

Ⅰ. ①怎… Ⅱ. ①张… Ⅲ. ①学前教育－教学参考资料 Ⅳ. ①G613

中国版本图书馆CIP数据核字(2017)第094171号

责任编辑 李 蕾

幼儿园教师必备丛书·第三辑

怎样做幼儿教师

张洪梅 编著

上海科学普及出版社出版发行
（上海中山北路832号 邮政编码200070）
http://www.pspsh.com

各地新华书店经销 山东博雅彩印有限公司印刷
开本787 × 1092 1/16 印张100 字数800 000
2018年9月第1版 2023年12月第3次印刷

ISBN 978-7-5427-6886-5 定价：298.00元（全10册）

前言

幼儿时期的孩子，成长是非常快速的，但是老师和家长都要正确认识孩子的成长。幼儿时期孩子的成长，并不是每天学会了认几个字，学会计算几道数学题，而要让宝宝在快乐的游戏中学会探索世界的方法，感受成长的快乐。

作为一个幼儿园老师，不仅要对孩子在课堂上的表现进行细致入微的观察，还要根据不同年龄的孩子的特点，为孩子量身定做主题课堂，让孩子在适合自己的氛围中学会知识。

孩子的成长是有阶段性的，所以，老师在为孩子设计教学课程的时候，最好是以主题的形式展开系列的教育活动，这样孩子不仅印象深刻，也能帮助孩子逐渐建立一个成形的逻辑思维体系，让孩子具有梳理生活中事物时间逻辑关系的能力。

对于孩子来说，学习的过程比学习的结果更重要。老师需要观察孩子在每一个教学活动的过程中有哪些提升，即使不是自己设计的教学目的中的一项，对于孩子来说，都是可以获益终身的。

幼儿时期，是宝宝逻辑思维建立的初期，也是孩子打基础的重要阶段。所以老师的课堂设置一定要生动、合理。既给孩子留下深刻的印象，又能让孩子自己掌握学习的方式、方法，并且让孩子爱上探索世界，让孩子具备主动学习的能力。

兴趣是一切学习结果的原动力，所以，一个生动的主题课堂，

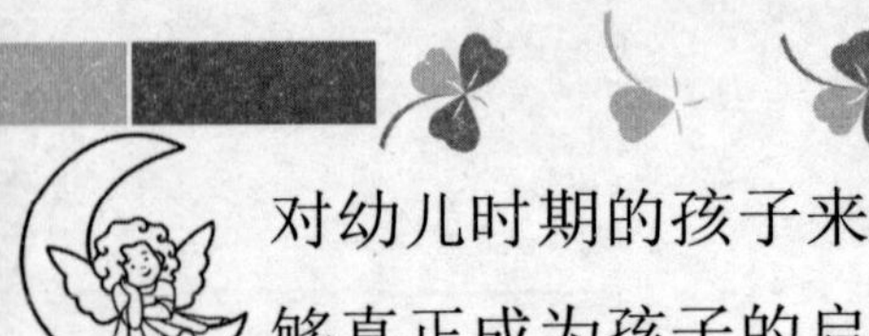

对幼儿时期的孩子来说是至关重要的。希望每一个幼儿老师都能够真正成为孩子的启蒙老师，为孩子今后的成长道路打下坚实的基础。这也是作为一个合格的幼儿老师最光荣的使命！

目 录

目录

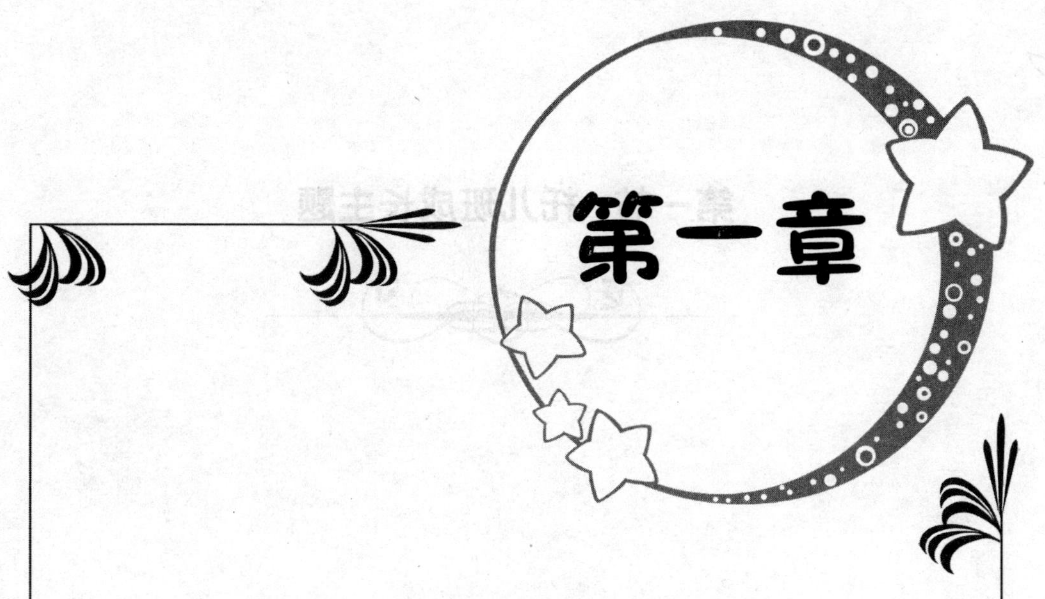

成长快乐 幼儿主题教育

第一节　托儿班成长主题

颜色的区分

鲜艳的色彩总是能吸引孩子的注意力，而不同的色彩也能表达不同的情感。每个孩子都会通过颜色来表达自己的情绪，这就是孩子最初的内心世界的构建。

一、2－3岁的宝宝的年龄特点

1．身体迅速发展，人格逐渐出现独立的倾向，开始逐渐学习自理。

2．是孩子的叛逆期，比较以自我为中心。

3．情绪不太稳定，在情绪上有明显的依赖性。

4．对新鲜事物充满好奇，在行为上还处于模仿的阶段。

5．细微会直接体现在动作上，语言的发展较快。

通过了解 2 － 3 岁幼儿的发展特点，我们更加坚信，这个时期的宝宝会对颜色鲜艳的物品格外感兴趣。

在通常情况下，这个时期的宝宝可以很好地区分基本颜色了，也就是红、黄、蓝、绿。但是对于混合的颜色比如蓝绿色、橙色的区分会稍微弱一些，还有同色系不同色度的色彩还很难分辨。所以对于 2 － 3 岁的宝宝来说，掌握正确的颜色名称不是最重要的，只要能准确分辨出颜色即可。

二、教学的意义

孩子会因为喜欢某种颜色而亲近自然，热爱生活。颜色只是孩子兴趣点，我们要通过这一个兴趣点引发孩子对生活的热爱，对大自然的热爱，同时也会让孩子养成一个善于观察的好习惯。从心出发的,才是真正的热爱。本次主题的教学目的就是要将“热爱生活”的种子深深埋在孩子的心里，等待成长，期待花开！

三、明确教学目标

1．孩子能够分清常见的颜色，并且能够明确地说出生活中常见物品的颜色。

2．让孩子对色彩的变化更加敏感，同时也对之后的手工课堂更加感兴趣。

3．让孩子有归纳的能力，按照颜色来将物品分类归纳。

4．从小锻炼孩子独立的审美观，让孩子对美好事物有独特

的判断力。

四、教学环境布景

1．用颜色鲜艳的彩色纸拼出学习园。

2．在学习园分区域贴上图形卡片。第一部分是单一颜色的卡片，比如白色的云朵、粉红色的花朵、红色的苹果、绿色的叶子等；第二部分是照片形式的卡片，比如立体的云朵、现实中的花朵、叶子等。

3．手工区布置好油画棒、水彩笔、彩色的油泥及小印章等。

五、亲子作业

1．请家长按照要求帮忙准备卡片。

2．给家长发放教学公开信，说明本次活动的教学意义和目的，并希望家长可以在日常生活中引导宝宝观察身边的色彩。

六、活动的具体实施

由于2－3岁的宝宝对颜色的认知还有限，所以探索和引导是最重要的环节，可以将本次活动设置成几个环环相扣的分支活动，比如说：宝宝认颜色、宝宝爱色彩、宝宝的彩色世界等。

第一单元

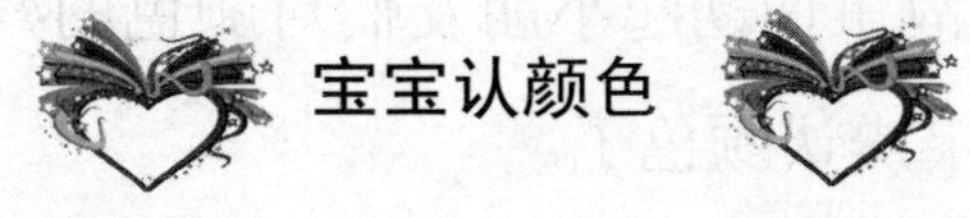

宝宝认颜色

【活动目的】

让宝宝能够识别几种基本的颜色，并加深宝宝对色彩的兴趣和认知。

【活动过程】

1. 老师讲故事

“小朋友们，今天，老师给大家讲一个故事。一阵狂风暴雨之后，地面上很多东西都被摧毁了，树木被拔起来了，花朵被吹落了，整个世界都灰突突的，不漂亮了。这时候美丽的彩虹仙子出现在天空中了，她身穿七彩的裙子，有红橙黄绿青蓝紫七种颜色,美丽极了。彩虹仙子看着灰突突的地面,觉得实在是不够美丽。于是彩虹仙子将自己身上的红色拿出来，撒向大地，瞬间，地面上开满了火红火红的花朵。她又将自己身上的绿色拿出来，撒向大地，瞬间，地面上的树叶和小草都生机勃勃了。她将紫色撒向大地，葡萄架子上瞬间结出了一串串晶莹剔透的葡萄，一颗颗紫

色的葡萄好吃极了。她又将橙色撒向大地，果园里的橙子就沉甸甸地挂满了枝头……渐渐地，彩虹仙子身上的颜色越来越淡，最后只剩下蓝色了，她微笑着将自己的身影融入到蓝天中去，而此时的大地，一片色彩斑斓，好美丽啊！”

2. 老师通过故事调动起小朋友们对颜色的好奇心和兴趣，接下来就可以教宝宝辨认颜色了。

（1）宝宝们学会了认识颜色之后，可以进一步认实物的颜色了。比如斑马、苹果、树叶等的颜色。

（2）给水果娃娃涂颜色。宝宝对颜色的辨认有了基本的认识之后，就可以让宝宝涂一涂、画一画了，这样可以进一步加深宝宝对色彩的认识，也更加能激发起孩子对颜色的兴趣。

（3）我来说你来做。让宝宝们听老师的指令，比如：找到一张带有红色的物品。不给宝宝划分指定的区域，宝宝就会更加主动去探索。在老师进行这样的教学实验时，最开始可以让宝宝找到和某一种物品相同的颜色。比如说找到一个和苹果颜色相同的小球，这样孩子就能准确找出，但是如果直接说找出一个红色的小球，很多孩子都会出错。这样的教学需要循序渐进地进行。

【活动延展】

宝宝认识基本颜色后，就可以叫宝宝认比较难辨认的颜色，比如浅绿、淡粉、淡蓝色等。

第二单元

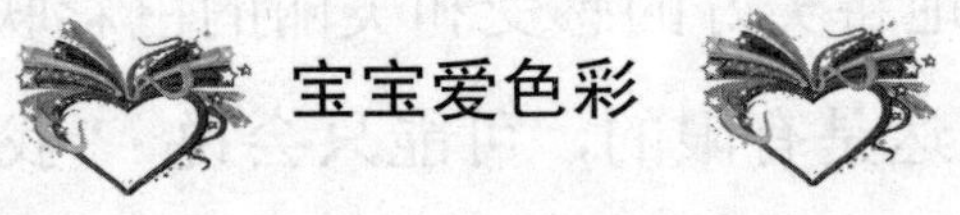

宝宝爱色彩

【活动目的】

启发孩子对颜色的想象，让宝宝说出自己喜欢的色彩，生活中有哪些东西是那种颜色的。

【活动过程】

1. 老师讲故事

“小朋友们，我们的生活中有很多美丽的色彩，我喜欢白色的云朵，高高地挂在天上，像棉花糖一样软，如果我能摘下来一朵，吃起来一定特别甜。我喜欢蓝色的天空，看起来是那么的干净，那里应该是白云和星星宝贝的家吧。我喜欢火红火红的太阳，阳光照在我的身上，暖洋洋的，让我感觉自己又长高了。我喜欢红色的花朵，我站在花朵中间，像一个美丽的花仙子，蝴蝶和蜜蜂都在向我招手，它们一定也觉得我很漂亮。我喜欢我家里一条黑色的小金鱼，我从来没想到，黑色居然也能那么漂亮……我还有许多许多喜欢的东西，更喜欢它们鲜艳的色彩。那么小朋友们，

来和老师说一说，你最喜欢的是什么颜色吧。”

2. 课程启发

通过老师的启发，小朋友们会展开关于颜色的讨论以及想象，大家会更多地将美好的感受和美丽的色彩联系在一起。当然，宝宝们的语言表达是有限的，可能只会说：“我喜欢红色的苹果，因为好吃。我喜欢绿色的叶子，因为漂亮。”或者会断断续续重复老师刚刚说过的内容。也就是说，宝宝们能说出自己喜欢的颜色，但是为什么喜欢还说不清楚，还没有形成一个完整的逻辑，大部分属于模仿的阶段。但是这个属于语言发展的滞后，并不代表宝宝对颜色是没有喜恶的。

3. 情景游戏—— 神奇的色彩超市

用不同颜色的纸卡做成宝宝的帽子，戴在宝宝们的头上。每个宝宝只能购买和自己的帽子相同颜色的物品。这样不仅能提高宝宝的语言表达能力，更能在实际的操作过程中让宝宝对颜色有深刻的印象。

黄色宝宝露露：老师，我买绿色的树叶。

老师：不可以哦，露露现在是黄色的宝宝，必须买和自己的帽子颜色相同的东西，所以，请看一看自己可以买什么？

黄色宝宝露露：那，我买黄色的小球。

老师：好的，黄色宝宝，这是你的黄色小球，请你拿好慢走。欢迎下次光临！

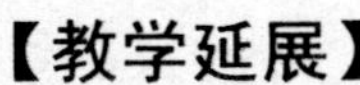

【教学延展】

现在宝宝已经认识了颜色，并开始有自己喜欢的颜色了，就可以通过涂颜色，让宝宝反映出自己内心的世界了。比如说拿出图画纸，事先打印好简单线条的连衣裙，让宝宝给连衣裙涂上自己喜欢的颜色。

第三单元

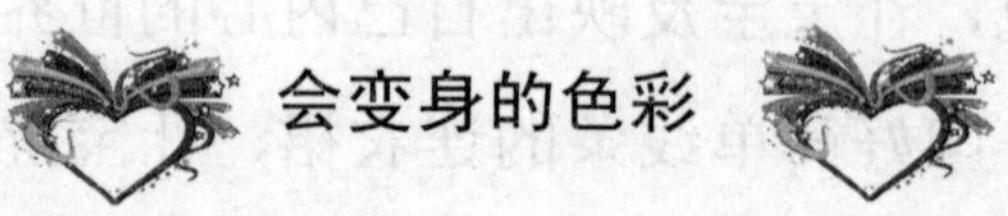

会变身的色彩

宝宝现在很小，对于颜色的变化很敏感，所以可以在活动的过程中让宝宝感受颜色的变化，在接下来的“会变身的色彩”中，要让宝宝逐渐明白颜色的分类以及不同颜色混合之后能够产生什么颜色，从而让宝宝对难以分辨的“相见色”有更加深刻的印象。

【活动目的】

让宝宝更具备探索的精神，喜欢自己动手探索世界。同时让宝宝发现，每两种颜色混合在一起，就会变成另外一种颜色哦！

【活动过程】

1. 老师讲故事

“小朋友们，你们知道吗？有一天红色的宝宝遇见了黄色的宝宝，他伸出手说:‘我们拉拉手，做好朋友吧。’黄色宝宝说:‘好啊！’于是黄色宝宝伸出小手，和红色宝宝拉在一起。天哪，神奇的事情发生了：黄色宝宝和红色宝宝的小手都变成了橙色！

有一天，蓝色的宝宝遇见了黄色的宝宝，他伸出手说：‘我们拉拉手，做好朋友吧。’黄色宝宝说：‘好啊！’于是黄色宝宝

伸出小手，和蓝色宝宝拉在一起。天哪，更加神奇的事情发生了：黄色宝宝和蓝色宝宝的小手都变成了绿色！

原来两种颜色混合在一起之后，会变成新的颜色！”

2. 实验活动——颜色世界

准备透明的杯子和不同颜色的颜料，先在水杯里加入黄色，让宝宝感受到颜色，然后再将红色的颜料滴到杯子里，让宝宝感受到在搅拌的过程中，黄色逐渐变成橙色的过程。

然后在另一个杯子中加入蓝色，再将黄色滴入杯子中，慢慢搅拌，让宝宝看见蓝色逐渐变成绿色的过程。

在宝宝知道了颜色变化之后，老师带着宝宝一起调配可以画画的颜料，给不同的图画涂颜色。

第一步：拿出红色，让宝宝涂出红色的苹果；

第二步：拿出黄色，让宝宝给自己喜欢的物品涂上黄色；

第三步：将红色和黄色混合在一起，让宝宝看看可以给什么东西涂上颜色？

宝宝会在老师的启发下发现，这是橘子或者橙子的颜色。其他颜色的变化都是同一个道理。

【教学延展】

让宝宝学会自己调颜色之后，可以带着宝宝一起玩超轻黏土，用黏土捏宝宝可以做出来的物品，通常是波板糖、小球、水果之类的。然后让宝宝用不同颜色的黏土混合之后，看一看还可以做出什么神奇的宝贝！

七、主题活动后的总结

老师在活动的过程中要注意观察宝宝的认知能力，为宝宝做好记录，并及时反馈给家长。

宝宝姓名：__________ 学号：______________

宝宝认知能力提升：

认识基础色：红色、蓝色、黄色等

优秀：________良好：________需要继续成长：________

认识相间色：粉色、黄绿色、紫色等

优秀：________良好：________需要继续成长：________

能准确说出身边物品的颜色

优秀：________良好：________需要继续成长：________

第二节　小班成长主题

分享，是孩子生命中永恒的主题。幼儿园小班的孩子，已经有了自己的主权意识，在这个基础之上，让孩子知道，分享是可以获得更多快乐的。同时也让孩子知道，对于自己的物品，自己有权利决定是否要分享，这就是孩子最初的人际关系搭建技巧。

一、教学的意义

在孩子的世界中，有很多奇妙的宝物：可能是一块小石头，也可能是一粒小豆子。总之，很多在大人眼中不值得一提的东西，

在孩子的眼中就会成为最珍贵的宝物。通过分享自己的宝物，可以让孩子增加观察生活的视角，也能让孩子更加具备发现美的眼光。这是一个最纯净的世界，在最纯净的世界里发现的原始的美好，才是最珍贵的最值得珍视的。老师要做的就是保护好这份美好，这份纯真，让爱在孩子的身边蔓延。

现在的孩子处于一个“超额需求”的时代，也就是往往都是家长给予太多，然而孩子并不需要这么多。久而久之就让孩子对身边的事物越来越不感兴趣，因为自己不缺少，所以没有探索的动力，而琳琅满目的玩具也让孩子对身边的事物越来越不感兴趣。其实对于孩子来说，数不清的玩具车有时还没有痛痛快快地玩泥巴来得酣畅淋漓！而能够用自己的能力制作小玩具，对于宝宝来说将是莫大的成就。所以这一次的教学体验还要“剥夺”孩子的一部分玩具，让孩子将更多的精力放在自己周边的事物上。

二、明确教学目标

（一）宝宝的情绪培养

让宝宝在“收集宝物”的过程中，增强对身边事物的认识，并且能够从不同的角度去观察身边的事物。同时培养孩子爱观察的好习惯，并让孩子对周围的一切都有非常浓厚的探索欲望。这就是对孩子未来的学习和成长打下的最好的基础。

（二）宝宝的态度培养

让宝宝能够积极主动去探索世界，并建立起对待事物的正面积极的态度。同时，通过向别人介绍自己的宝物，让宝宝更加愿

意主动和别人交流，帮助宝宝树立自信心。

（三）宝宝的安全意识培养

宝宝所喜爱的小物件，有很多具有一定的安全隐患。如果简单地不让宝宝接触，无疑得不偿失。这种做法只能勾起宝宝更加浓厚的兴趣，以至于宝宝会在老师和家长都不注意的时候自己尝试。如果老师在课堂上能够将这些小物件拿出来，并尊重宝宝的喜好，宝宝会更加愿意和老师交流自己的“小秘密”，同时也更加能够掌握“安全的分寸”。

（四）宝宝的知识目标

让宝宝更加了解自己的“宝物”，让宝宝学会了解身边事物的方式和方法，并让宝宝学会比较，从而主动进行探索。

（五）宝宝的技能培养

让宝宝能够操作简单的美术工具和材料，用粘贴或者涂色的方式，对废弃物品进行装扮，从而扩展孩子的想象力。

三、教学环境布景

（一）主题环境布展

1. 设立宝物展示区，每一个孩子有一个自己的卡位，可以用来展示自己的宝物。卡位上要有宝宝的小名牌，让宝宝更加有“主权”意识。

2. 每个孩子要有一个属于自己的宝物盒子，可以是家中的旧物改造。

3. 宝物盒子要可以挂在脖子上随着孩子走的。

（二）功能性区域划分

根据孩子不同的兴趣点准备不同的活动角。

1. 科学角：将孩子收集来的各种宝贝进行展示，同时制作一个小滑梯，让这些小宝物可以从滑梯上滚落。让孩子知道，哪些物品是容易滑倒的，必须要放稳才能保护好它。

2. 玩具角：让孩子从家中带来一件自己的玩具，可以展示，也可以互相交换。

3. 图书角：每个孩子都有自己的图书，图书也有各种不同的门类：有故事类，有卡片类，有唐诗类也有儿歌类，让宝宝根据图书的类别，给图书划分种类并做上标记。

4. 手工角：准备彩色的美工纸、颜料、水彩笔、胶水、胶布等，让宝宝来装饰自己的宝物。

四、亲子作业

让家长和孩子一起制作宝宝的宝物箱。其实用家中的鞋盒子加上旧报纸或包装纸就可以进行旧物改造。需要老师提醒家长的是，宝物箱有时会挂在宝宝的脖子上用来移动展示，所以挂绳一定要宽、柔软，同时绳子的长度要适中，能刚好垂在孩子的胸口。孩子的宝物箱上要有孩子的姓名。

五、活动的具体实施

让宝宝学会观察大自然中的景象是我们所有教学活动的核心

目标，所以这一次也不例外。

（一）小小探险家

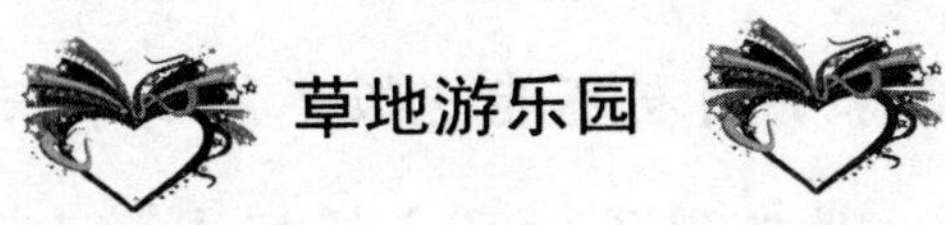

草地游乐园

【活动目的】

（1）这是一次室外的主题活动，让孩子在草地中观察，自己能在草地里发现哪些好玩的东西。

（2）老师要将孩子的发现进行归纳总结，帮助孩子梳理逻辑关系，并让孩子逐渐学会分析这些探索有什么意义。

【活动过程】

小朋友们，这里是一片大草地，同时也是很多小昆虫的家，更是很多小动物的游乐场。这里还有很多很多奇妙的东西等待着大家发现。大家可以一起寻找，看谁能在这里发现自己喜欢的宝物。

乐乐：“老师，我发现了一朵花！”

老师：“哇，真是一朵美丽的小花，那么我们既然发现了这朵小花，就要保护好它，不能把它摘回家。因为大地才是小花的

妈妈，小草是它的朋友。我们不能让它离开自己的妈妈和朋友，对不对？”

乐乐：“对，而且小花摘下来就死了。”

老师：“乐乐说得很对。小花是有生命的，它通过自己的根，在泥土里吸收水分和养分，通过叶子吸收太阳光中的光能，这样才能开得旺盛，然后结出种子。如果我们将它摘下来，小花就不能吸收养分了，就像小朋友不能吃饭不能喝水一样。”

欢欢：“老师，我发现了一只小蚂蚁！”

老师：“看来，这里应该藏着小蚂蚁的家，老师可以带着大家一起来看一看小蚂蚁的家。”接下来，老师可以带着大家一起来找蚂蚁洞。

“小朋友们，看看这个小小的洞口，这只是小蚂蚁回家的一个入口，其实在地下，小蚂蚁们辛苦劳动，为自己搭建了一个非常壮观的宫殿呢。但是小蚂蚁出门的时候根本看不见回家的入口，所以小蚂蚁都会在走过的路上留下自己的气味。一旦我们将小蚂蚁走过的路线上用有气味的东西遮住，那么小蚂蚁会迷路的。下雨之前，小蚂蚁也会搬家，它们会一起努力，搬到地势较高的地方，这样就不会被大雨淹到了。”这里主要是通过知识延展，让孩子热爱小动物。

跳跳：“老师，我发现了一颗宝石！”

老师：“哇，跳跳好幸运，发现了一颗这么漂亮的石头，原来是颗宝石啊。一会儿我们就可以将小宝石带回幼儿园了。那么小朋友们，大家一起努力，让我们在观察草地游乐场的同时，也

为自己找一些可以带到幼儿园的宝物吧。”

【活动记录】

在孩子发现宝物的过程中，老师会发现，孩子所发现的远远比我们想象的要多，而且孩子感兴趣的也和我们预想的不太一样。孩子对小石块、砖头、土块非常感兴趣，还有草丛中的树叶，孩子会将它当做可以带到幼儿园的小花，甚至孩子在发现一片树叶的时候已经想到要用它来做什么了，所以老师会听见孩子这样介绍这片树叶：“老师，我发现了一片树叶，这是小被子，宝石的小被子。”

【活动延展】

（1）通过照片记录宝宝们快乐的瞬间。

（2）让宝宝展开讨论：怎样帮助小蚂蚁度过雨天。这个讨论并不是真的要讨论出一个可实施的方法，而是希望孩子之间展开讨论，增强孩子对小动物的保护意识。同时也让孩子遇事多为别人考虑，让孩子动脑筋想办法。对于孩子来说，每一次讨论都是“脑洞大开”的时刻，这是锻炼宝宝语言表达能力以及逻辑思维能力最好的方法。

（二）分类活动

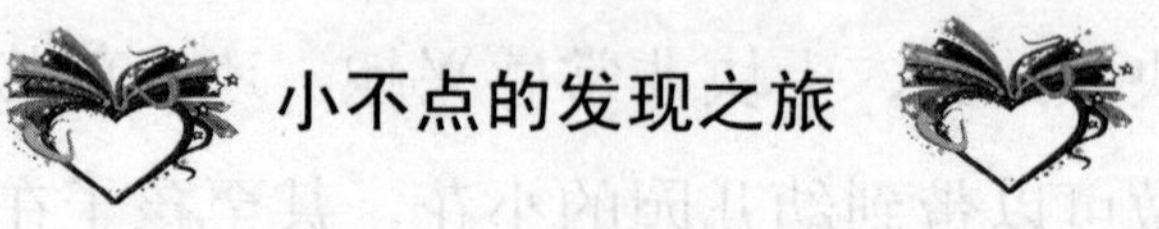

小不点的发现之旅

【活动目的】

在宝宝收集“宝物”的过程中不难发现，这个年龄段的宝宝点数和分类的能力还是较差的，所以希望在后续的活动中，能够发展孩子的分类以及点数的能力。

【活动准备】

自然中的“宝物”、小盒子、白纸等。

【活动过程】

带着孩子们到户外收集“宝物”，回来后让孩子将“宝物”分类。

老师：“孩子们，老师发现今天大家发现了好多宝物啊，那么大家看一看自己收集的宝物有没有同一个名字的呢？”

嘟嘟：“老师，我这里有两片叶子，它们的名字都叫树叶。”

老师：“哇，嘟嘟很厉害，发现了两片叶子。那么这两片叶子就是同一个类别的，我们可以将叶子放在一张白纸上，在纸上写上‘树叶家’。”

欢欢：“老师，我这里有一颗圆形的石头，还有一个圆形的小豆子，它们的名字都叫圆圆。”

老师：“呀，欢欢真棒，那么我们就将它们放在一张白纸上，在纸上写上‘圆圆家’。”

露露：“老师，我这里也有圆圆的东西。”

老师：“呀，那么我们来给圆圆家分房间吧。应该怎么分呢？”

欢欢：“我的小圆石头和露露的小圆石头是好朋友，是一个房间。”

老师：“那么我们就在‘圆圆家’里用彩笔画出几个圈，其中一个圈叫‘石头屋’，还有一个圈叫‘豆豆屋’，怎么样？”

幼儿：“好！”

当树叶的数量多了的时候，老师可以引导孩子们进行树叶的分类。

老师：“孩子们，老师发现树叶的形状不太一样呢，为什么呢？”

妞妞：“我知道，因为它们不是同一棵树上的叶子。”

老师：“啊，原来是这样，那么我们可不可以给树叶之家分房间呢？”

接下来，孩子们在老师的启发下，会有很多分类归纳的灵感，这些都是孩子们自己动脑思考后的结果，每一个进步的瞬间都值得记录。

（三）手工活动

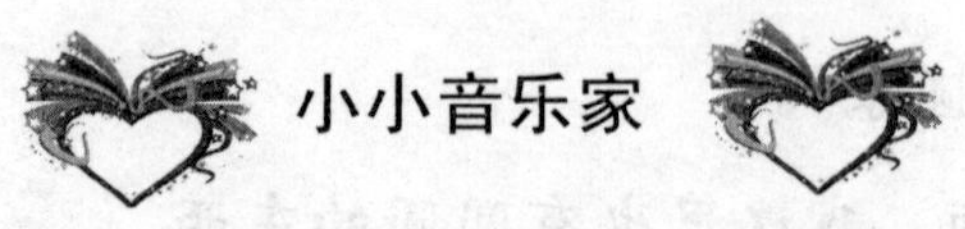

小小音乐家

【活动目的】

通过玩沙土，让宝宝学会自己动手制作玩具。

【活动准备】

空矿泉水瓶每人 1 个。老师额外准备的玻璃瓶子及各种材质的杯子、碗、勺子和叉子。

【活动过程】

1. 户外活动

老师带领孩子们到户外去见沙子或土块，每个人都把自己发现的东西放到矿泉水瓶中，装到半瓶即可。然后让孩子们摇晃手中的“沙锤”，听一听，每个人的“沙锤”都有不同的声音，那是因为瓶子中的东西材质和大小都不一样。让孩子仔细聆听轻声细语的沙沙声，以及气势磅礴的砰砰声，这对孩子来说都是非常生动的体验。

2. 室内活动

老师将事先准备好的杯子和碗摆成一排，手里拿着木质的筷子敲打杯子和碗，发出美妙的声音。

然后用钢制的勺子或叉子敲打杯子和碗，这次又一次发出不同的声音。

接下来，老师将沙子倒进杯子和碗中，继续用钢制的勺子或叉子敲打，让孩子感受声音的变化。

最后，老师可以将杯子和碗清空，然后注入水，继续敲打，让孩子感受声音的变化。

【活动延展】

在条件允许的情况下，可以为孩子多准备一些敲打的材料，比如半杯水和满杯水敲打后有什么不同？圆球形的鼓槌敲打和竖条形的木棍敲打声音有什么不同？这些细小的变化，对于孩子来说都是非常奇妙的体验，只要能够实施引导，孩子们都会成为一个个热爱生活的阳光快乐的宝宝。

（四）手工活动

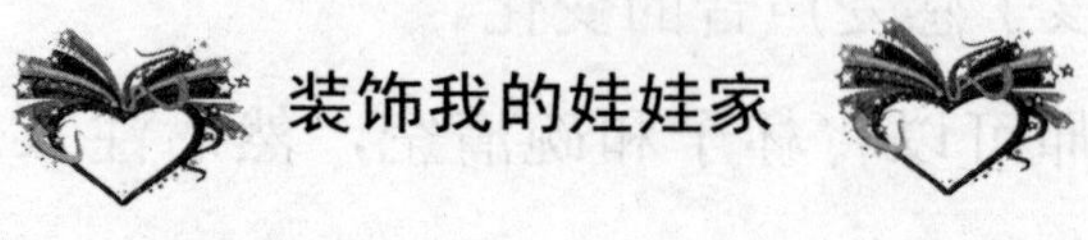

装饰我的娃娃家

【活动目的】

通过孩子自己手工制作玩具的活动场景及道具，让孩子搭建一个心中的宝贝之家。锻炼孩子自主思考及动手能力。

【活动准备】

大自然中的宝贝、彩色纸、白纸、水彩笔、胶水、房子简笔画每人1张。

【活动过程】

让孩子们用自己手中的工具为宝物装饰家。可以将彩色的纸撕碎粘贴在房子上，用碎纸片给房子涂上颜色，或者用树叶和树枝装饰房子。在这个过程中，老师可以启发孩子的想象力，适当举例子，让宝宝展开一下自己的思维，然后将自己的宝物放到房子中。

【活动延展】

这个活动是将孩子们捡来的“宝贝”变成真正的玩具。这是在启发孩子能够及时发现身边事物的乐趣，对身边事物时时刻刻充满兴趣。老师可以专门开辟一个展示区，展示孩子的宝贝之家，让孩子们对这样的活动更加有荣誉感。这样不仅能增强孩子的环保意识，也能提高孩子动手的兴趣。

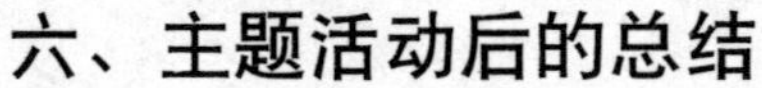

六、主题活动后的总结

爱玩好动是孩子的天性，所以幼儿的主题活动都是遵循孩子的天性而展开的。小班的宝宝已经开始萌发自己的“有意注意”了，这时的宝宝对外界的刺激更加感兴趣，这也是培养宝宝热爱生活的最好阶段，所以要让孩子多注意身边的事物，探索自己身边的小小世界。

本次主题活动有以下几个特点：

1. 活动设置的生活化

本次活动抛开了所有的教学道具及孩子的玩具，一切都从孩子身边的环境入手，并引导孩子自己动手制作玩具，让孩子从身边的一点一滴发现生活中最美好的东西，让孩子通过自己的创造、自己的感受去发现美。让孩子通过自己的耳朵、自己的眼睛、自己的内心去发现美。

2. 注意宝宝的情感表达

宝宝都是很胆小的，如果教学的环境和氛围紧张，那么宝宝

就无法完全融入教学环境中。在一个开放的教学环境中，宝宝的情感和情绪可以完全释放，会更加自由地表达自己的想法，这样才能最大限度地挖掘孩子们的语言表达的潜能，以及沟通交流、思维拓展的潜能。

第三节　中班成长主题

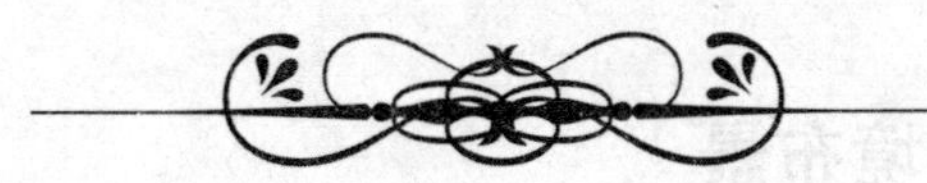

贴画的世界

中班宝宝的活动要以生成活动为主，也就是说让宝宝根据自己的兴趣、经验和需要，在与环境交互作用中自主产生的活动。这一节的主题活动是根据宝宝最喜欢的贴画设计的，从孩子最感兴趣的点切入教学活动，可以在最短的时间内与幼儿达成共识。

一、教学的意义

在一个小小的贴画世界里，藏着孩子丰富的内心世界。在幼儿园的教学活动中，每一次的奖品中，要属贴画最受小朋友欢迎了。无论是安慰小朋友还是鼓励小朋友，小小的贴画总是能在第

一时间和小朋友之间产生共鸣。所以，从这个角度切入，让孩子们在自己最感兴趣的游戏中发现一个更加丰富多彩的世界！

二、明确教学目标

1. 让宝宝通过自己的观察，发现每一个小贴画有什么特点。

2. 让宝宝选择自己喜爱的小贴画来装饰自己的衣服。

3. 让宝宝敢于当众表达自己的想法，并且能准确表达出自己的想法。

三、教学环境布景

1. 活动主题墙的布展

主题墙面共分为三个部分："小贴画的成长""我的小贴画""我的多彩小世界"。通过几个环节的教学活动设置，让宝宝可以自由发挥，同时也让宝宝学会欣赏别人。

根据不同环节的设置，在每个区域都放上相关的教学材料，让宝宝可以在游戏中加深对贴画的兴趣，让教学活动更加顺畅地开展。

四、亲子作业

让家长帮助宝宝，将宝宝的涂鸦作品剪下来，并粘贴上双面胶，做成简易的小贴画。这些都是宝宝成长过程中点点滴滴的记录，虽然对于家长来说是不知道什么意义的涂鸦，但是对于宝宝来说，那里面藏着一个只有自己知道的神秘世界。所以，这将是宝宝最喜欢的贴画！

五、活动的具体实施

对于宝宝自己的作品，每个宝宝都能说出其中的意义。即使是简单的话语，但也是宝宝内心最真实的想法。所以老师一定要在这个环节中给予宝宝鼓励和肯定。没有什么样的表达是最好的，每个宝宝都是最棒的。

第一单元

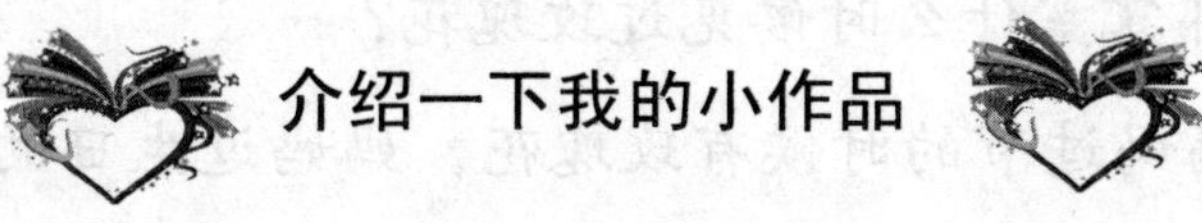

介绍一下我的小作品

【活动目标】

（1）让宝宝能够说出自己创作的小贴画是什么意义，为什么要画成这样？

（2）开发宝宝的观察力和语言表达能力。

【活动过程】

老师：下面，请小朋友们按照顺序来说一下自己的作品是什么好吗？为什么画得这么漂亮啊？画中都是什么啊？不要着急，每一个小朋友都有机会说的。

亮亮：我画的是气球，因为我喜欢气球。很漂亮！

老师：那亮亮是在哪里见过漂亮的气球呢？

亮亮：新郎和新娘结婚的时候有气球！

老师：那其他小朋友呢？还知道哪里会有彩色的漂亮的气球吗？

欢欢：动物园里有气球！

露露：我过生日和过年的时候，妈妈会买气球！

老师：原来大家都见过这么漂亮的气球啊！那露露，你画的是什么呢？

露露：我的贴画是玫瑰花，妈妈说每一个公主都会收到玫瑰花的。

老师：那露露什么时候见过玫瑰花？

露露：妈妈过节的时候有玫瑰花，妈妈过生日的时候也有的。

老师：露露真棒。情人节的时候，公主会收到王子送的玫瑰花，因为玫瑰花代表王子的爱。母亲节的时候，妈妈会受到孩子送的康乃馨，因为康乃馨代表母爱，是对妈妈的赞美。

【活动延展】

老师可以让家长和宝宝一起动手，做一些经典卡通形象的小贴画，形象由老师指定好，然后制作好后带到幼儿园中，老师可以带着宝宝一起做情景对话，让孩子参与的积极性更高。

第二单元

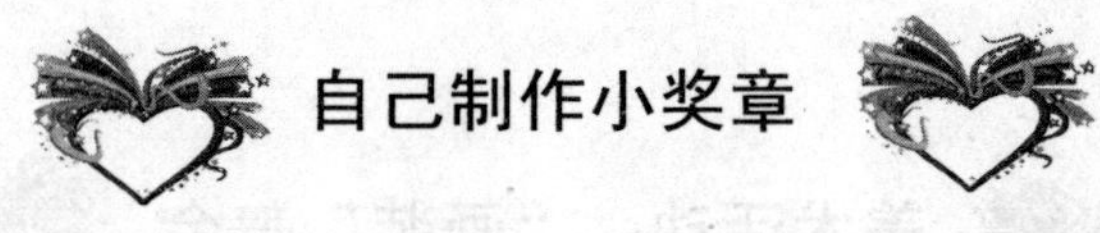

自己制作小奖章

【活动目标】

让宝宝自己参与制作贴画奖章，当宝宝表现好的时候，自己就可以贴一个优秀小奖章了。这样的奖章对于宝宝来说意义更大一些，对孩子来说动力也更大！

【活动准备】

儿童画印章、双面胶、剪刀、形状模具、水彩笔等。

【活动过程】

让宝宝用形状模具画出不同的形状，比如圆形、正方形、三角形等，然后再用小印章在不同的形状上面印出图案，并且在背面贴上双面胶，在正面涂上自己喜欢的颜色。每个小朋友都可以选择自己喜欢的图案，印在自己制作的贴纸上。

【活动延展】

这些小贴画都是宝宝自己制作的，老师可以让宝宝将小贴画

带回家，由家长保管，在宝宝表现优秀的时候，就可以获得一枚小贴画。

第三单元

美术活动：“画装”舞会

【活动目标】

（1）让宝宝明白，小贴画是可以做装饰品的。

（2）让宝宝不乱贴乱画。

【活动准备】

买好的小贴画每人 1 张，让宝宝穿颜色比较浅的衣服。

【活动过程】

1. 老师讲故事

小朋友们，今天老师给大家讲《邮票裙子》的故事。小兔子是一个小小的邮递员，大森林里的小动物们写信，都是小兔子负责发出的。小兔子每天早早地起床，为小动物们送信，生怕耽误了小伙伴的事情。小动物们都很喜欢小兔子。小兔子最喜欢的事情就是收集邮票了，她有两个本子，里面放的都是自己收集来的邮票。

有一天，大森林里面要办一场森林舞会，小动物们都穿上了漂亮的新衣服。小兔子穿了一条漂亮的红裙子，头上还戴了一个漂亮的蝴蝶结。可是舞会还没有开始，小兔子的裙子就不小心刮出了一道口子。怎么办呢？小兔子想了想，决定先在裙子上贴一张邮票。这时猫咪设计师走了过来，看见小兔子裙子上的邮票说："小兔子，你的裙子很漂亮，不过，还可以更漂亮一些，让我来帮助你吧。"说完，猫咪设计师就拿来了更多的花邮票，贴在了小兔子的裙子上。

舞会开始之后，大家都说小兔子的邮票裙子真漂亮，纷纷找猫咪设计师为自己设计漂亮的邮票服饰。从此以后，大森林里就开始流行各种各样邮票的衣服了。

2. 引导孩子设计服装

小朋友们，虽然我们没有彩色的邮票，但是老师这里有好多好多彩色的小贴画，我们现在可以用小贴画来装饰自己的衣服，好不好？

【活动延展】

很多宝宝在家里喜欢乱贴乱画，老师可以通过这个活动引导孩子有序地涂鸦或者粘贴，要让孩子自己发现其中的美感，然后自己创造美。比如用圆形的小贴画贴出一棵圣诞树。只要开动了孩子的想象力，这将是一个创意无限的游戏。

六、课题总结

让孩子自由地表达自己的想法和情感，是开发孩子的语言表达能力和逻辑思维能力最好的方式，但是如果没有老师的干预，这样的表达就会显得很松散。有时候宝宝自己都不太清楚说了什么，所以老师要适当给予帮助和梳理。

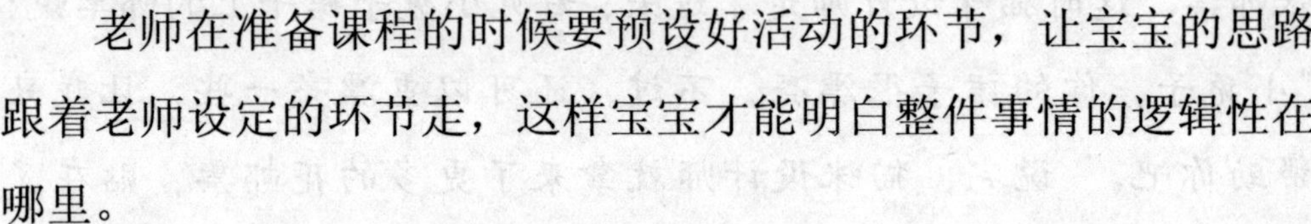

老师在准备课程的时候要预设好活动的环节，让宝宝的思路跟着老师设定的环节走，这样宝宝才能明白整件事情的逻辑性在哪里。

老师对于孩子的帮助主要就是教会孩子一个正确学习的方式和方法，让孩子可以在这个基础之上自由发挥。

每个孩子都是可以自主创造的小天才，老师只需要提供一个正确的主题，就可以任由宝宝在创意的海洋中自由驰骋。

第四节　大班成长主题

绘本编创活动是一项可以全面调动起宝宝的主动思维的活动，让宝宝在回忆中加强记忆，在编创的过程中加强逻辑思维能力以及语言表达能力，这是一项非常有意义的活动。

一、教学的意义

喜欢阅读是孩子的天性，现在很多好看的绘本是根据孩子的日常生活而编绘的，最受宝宝欢迎的绘本一定是最贴近孩子生活的。其中美国著名绘本《大卫不可以》，就是根据宝宝在幼儿园

和家中发生的很细小的事情而编写的。故事都源于生活，为了让孩子们爱上阅读，并且更具有探索精神，这一节将由老师带领孩子一起来完成绘本的编写和制作。

二、明确教学目标

1. 了解图书对于人们在日常生活中的重要性，从而知道爱护图书。

2. 喜欢阅读，并养成阅读的好习惯。

3. 通过阅读多方面的图书，促进宝宝多方面思维的全面发展。

4. 提高孩子的想象力。

5. 让孩子在表达的过程中增强语言表达能力。

6. 增强孩子的自信心和逻辑思维能力。

三、教学环境布景

1. 在教学环境的布展上面，老师一定要注意尽量给宝宝营造一种微缩社会的场景，让孩子在参加活动的时候有一种使命感和自豪感。

2. 在环境布置上，要为孩子提供更多的绘本，其中包括科学类、自然类、语言类、数学类等。

3. 将幼儿园班级的一角布置成“新闻播报角”，这里是孩子们讲故事的舞台。

4. 为孩子提供油画棒、水彩笔等绘画工具，以及装订工具、纸张等。

四、亲子作业

老师可以将活动的概况和介绍写成简报发给家长，让家长参与绘本的初级创造中来。要搜集孩子在日常生活中有意思的、有意义的故事，记录孩子成长的瞬间，可以提供孩子成长中的照片，为本次活动充实素材库。

家长可以先在家中和孩子一起编故事，也就是将孩子成长过程中发生的有意思的事情讲给孩子听，让孩子到幼儿园来复述。模仿是孩子语言表达的初级阶段，当孩子的逻辑思维和语言表达能力发育得平衡时，就可以根据自己的记忆及想象来讲一个有趣的故事了。

家长也可以找孩子喜欢的绘本，读给孩子听，让孩子在听故事的过程中学会讲故事，在绘本素材故事收集的初级阶段，并不强调这个故事是由孩子自己编创的。在教学活动的实施过程强调循序渐进。一定不能让孩子有压力或者有逆反的心理，在孩子听故事的时间上也要把控好，在孩子情绪最饱满的时候，要求孩子复述或者讲故事给爸爸妈妈听。孩子只有在家中的表现很顺畅，才能在幼儿园有充分的自信心。

五、活动的具体实施

第一单元

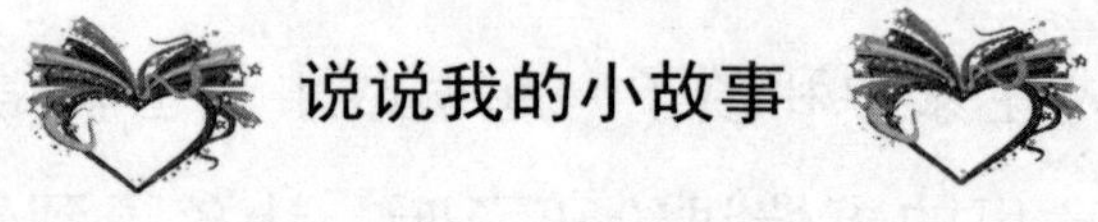

说说我的小故事

【活动目标】

让孩子喜欢阅读，养成爱阅读的习惯。

【活动过程】

1. 老师讲故事

在教学活动的开展过程中，老师的启发教育是非常重要的，所以老师选择的故事一定能够是能调动起宝宝就爱那个故事的积极性的，所以，故事的主人公一定要是老师本人，可以是老师小时候的故事为切入点，与孩子的故事搭建起一座沟通的桥梁的。

小朋友们，老师今天要给大家讲一个我小时候的故事，要知道，故事书中都是其他小朋友的故事，为什么书中不可以有我们小时候的故事呢？老师小时候的故事也很精彩呢。

我小时候记忆最深刻的事情就是我的生日宴会。那一天，妈妈很早就起床帮我布置宴会的装饰，在屋子里挂满了五颜六色的气球，爸爸上班之前帮我定了一个超级漂亮的大蛋糕。这么大的蛋糕我怎么能一个人吃呢，那样多寂寞啊，所以我决定把自己最要好的朋友找来，他们分别是伊莎、贝利和莫妮卡。

伊莎说，过生日一定要许愿望的，小朋友过生日的时候许下的愿望一定会实现的。于是妈妈帮我在蛋糕上插上五颜六色的蜡烛，我闭上眼睛，双手合十放在胸口，许下了一个愿望：我希望可以有一条美丽的花裙子。

许完愿望，我和小伙伴们一起吹灭了蜡烛。到了大家最开心的时候了，大家开始分蛋糕了！我给好朋友们都分了一大块蛋糕，最后还剩两块了，妈妈布置生日宴会很辛苦，我把一大块蛋糕给了妈妈，剩下的小块蛋糕留给了自己，虽然这块蛋糕不大，但是我发现每一个人都非常开心。原来，大家因为我的蛋糕而感到幸福呢，这样的我，真的很伟大啊，因为我把幸福带给了我爱的人。

可是正在大家想吃蛋糕的时候，爸爸回来了，还给大家带了水果。我看看手中的蛋糕，还有为了赶回来帮我庆祝生日的爸爸被外面的太阳晒得汗流浃背的，于是，我做了一个很重要的决定，那就是将自己手中的蛋糕给爸爸。“爸爸，您辛苦了，这块蛋糕应该爸爸来吃。”

爸爸说：“今天是我宝贝的生日，爸爸怎么能将最后的一块蛋糕吃掉呢。那，这样吧，这一块蛋糕咱们一人一半，怎么样？”

我说：“好啊！”

这时，妈妈说：“宝贝，在妈妈拿到这块蛋糕的时候，感觉很幸福，现在妈妈决定把这份幸福和你一起分享，所以，妈妈的蛋糕也决定分给你一半。”

这时伊莎、贝利和莫妮卡也纷纷将自己的蛋糕分享给我，一时之间，我的盘子里出现了好多蛋糕。

“妈妈，这可真神奇，我盘子里的蛋糕明明都没有了，可是现在又有好多啊！”

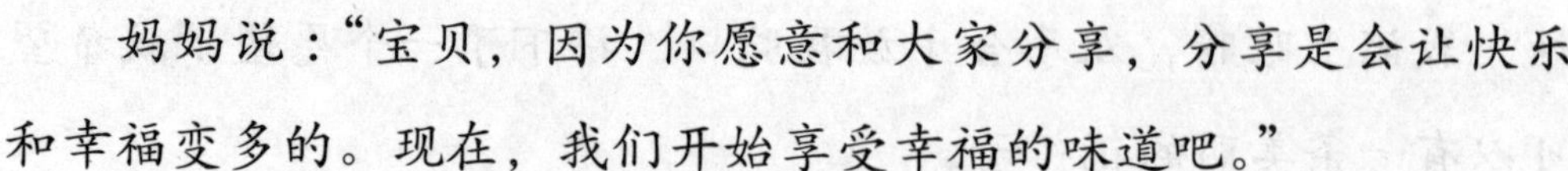

妈妈说：“宝贝，因为你愿意和大家分享，分享是会让快乐和幸福变多的。现在，我们开始享受幸福的味道吧。”

原来，我的幸福的味道是甜甜的，还有淡淡的水果香味呢。

小朋友们，这就是我小时候最幸福的故事，我现在讲给你们听，是希望我的故事能被大家喜欢，如果你们喜欢我的故事，就过来亲亲我吧。

2. 宝宝们的故事

老师讲完自己的故事之后，用热烈的气氛调动起孩子们的积极性，在这个气氛最热烈的时候，老师开始问：“小朋友们，谁有最幸福的故事，能讲给我们听？”

在宝宝讲故事的过程中，老师要给宝宝佩戴小小播报员的胸章，让宝宝有一种使命感，并及时给予宝宝鼓励。在孩子记不住自己的故事的时候，老师可以适当引导，不要让孩子有尴尬或者不好意思的感觉。

【活动延展】

老师要仔细记录每一个宝宝讲的故事，并将宝宝们的故事形成文档，打印出来，粘贴在墙上的学习园中，让孩子的自豪感更强烈一些。这一单元中老师讲的故事是很生活化的故事，这也是在启发孩子记录生活真感动的瞬间，启发孩子学会讲述自己的故事。讲述自己的故事是锻炼孩子语言表达能力及逻辑思维能力的基础，所以一定是放在第一节来操作的。

小朋友们讲完自己的故事后，老师要让孩子们选出自己最喜欢的故事，按照投票的形式再选出最受欢迎的故事，作为接下来制作绘本的原材料。

第二单元

构建想象中的故事

【活动目标】

启发孩子的想象力是很重要的，而让孩子能将自己想象中的画面画出来，是之后制作绘本的绘画基础。

【活动过程】

1. 老师讲故事

今天老师给大家讲一个神奇的故事。哈哈兔是一个非常快乐的小兔子，他和爸爸妈妈住在山脚下的小木屋中，妈妈在门前的花园中为哈哈兔种满了好吃的水果，窗前的葡萄架是哈哈兔最喜欢的地方，这里既能看见蓝天白云，还能呼吸到新鲜的空气，在这里睡午觉或者写作业，简直是太幸福了。

这一天，哈哈兔写完作业，就坐在葡萄架下面看着天上的云朵，这云朵白白的，一会变成一只小胖熊，一会又变成一只小鸽子，真有趣。看着看着，哈哈兔睡着了，梦里有一个白胡子的老爷爷给了哈哈兔一颗神奇的种子。老爷爷说："哈哈兔，这颗种子是我最珍贵的宝贝，现在我把种子交给你，你一定要照顾好它。”说完，老爷爷微笑着走远了。

哈哈兔醒来之后，发现自己的手中真的有一粒种子，仔细一看，原来是一颗小豆子。哈哈兔拿来铲子和小水壶，在院子中挖了一个小小的土坑，小心翼翼地将种子埋进去，又给种子浇上水。然后哈哈兔就静静地蹲在种子的旁边等着种子发芽。

这时，妈妈过来了，妈妈说：“傻孩子，哪有种子刚刚种进土里就发芽的啊，你要给它时间哦，种子需要慢慢发芽，你需要慢慢长大，这是一样的道理。”

哈哈兔听了妈妈的话之后，虽然心里还是很着急，但是他决定还是回去找自己的好朋友们玩游戏吧，要不然自己还真的忍不住要坐在这里等着。

晚上，哈哈兔做了一个美丽的梦，梦见自己的小种子发芽了。第二天一早，哈哈兔被一种奇特的香味熏醒了，闻着香味，哈哈兔馋得直流口水，睁开眼睛一看，哈哈兔吓坏了，天哪，这是哪里啊，这还是自己的家吗？怎么一夜之间变样了？

原来，哈哈兔的家变成了一个绿色的世界，窗户是圆形的，床是圆形的，两个衣柜门都圆圆的。哈哈兔跑进厨房一看，厨房里一个圆圆的烤箱里正烤着香甜的绿豆饼，汤锅中是香甜的绿豆汤，而客厅的大窗户居然变成了一个大电视，里面的百灵鸟小姐正在唱着早安歌呢。哈哈兔推开门一看，天哪，昨天的一粒种子居然长到云层里了，每一片叶子都有一张小床那么大，一个巨大的豌豆荚变成了他现在的房子。那宽大的叶子还非常有弹性，蹦

上去才发现，原来是蹦蹦床！可以从最底下的叶子一点一点向上蹦，最后能直达云朵里呢！真是太神奇了。

哈哈兔赶紧找来自己的小伙伴，让小伙伴到自己家中的“游乐场”来玩。小朋友实在太开心了，他们足足玩了一整天，不理会妈妈叫自己吃饭，饿了就吃一块绿豆饼，也不写作业，就是在房间里跳着、笑着。

到了晚上，哈哈兔发现，绿豆汤干了、绿豆饼变得又苦又硬、豌豆叶子蹦蹦床也失去了弹性，蹦上去之后屁股疼死了，就连电视机的画面也不清晰了……怎么办？怎么会这样？

“哈哈兔，你今天有没有给豌豆浇过水呢？”妈妈问。

“啊？糟糕，妈妈，我光顾着玩，忘记浇水了。”

于是哈哈兔赶紧和小伙伴一起抬水，给豌豆浇水。哈哈兔低着头对豌豆说：“真的是太抱歉了，我今天太兴奋了，所以忘记了给你浇水。是我没有照顾好你，请不要生我的气，我以后一定不会再这样了。”

听了哈哈兔的话之后，豌豆苗轻轻地抖动了一下，宽大的叶子扇了几下。哈哈兔又帮助豌豆苗除草，一直忙到深夜，疲惫地睡着了。第二天早上，豌豆终于恢复了生机勃勃的样子。

小朋友们。老师的故事讲完了，大家觉得在哈哈兔神奇的豌豆世界中，还能发生哪些有意思的事情呢？

在老师的启发下，让孩子们展开激烈的讨论，纷纷说出自己认为哈哈兔的世界中还会发生哪些故事。这些都是孩子内心深处的真实反映：孩子希望哈哈兔的故事中发生什么，就说明孩子内

心深处在向往什么，而说到底，孩子最喜欢的事物就是好吃的东西、有趣的玩具、要好的朋友和爱自己的爸爸妈妈。

2. 画故事

大家展开激烈的讨论之后，老师就将准备好的纸和笔分给宝宝，让宝宝们画出自己想象中的可能发生在哈哈兔故事中的事情。宝宝们能够画出发生在故事中的人物、场景、自己的家人、朋友等。老师可以按照孩子的作品，将孩子们的画作串成一个连贯的、有逻辑性的故事，粘贴在学习园中。老师在粘贴这些画作的时候，一定要将自己的逻辑性讲给孩子们听。也就是说重新讲一个故事。这个故事的主线还是课堂中的故事主线，但是故事里面会有新的人物和场景，因为会有小朋友将自己以及家人画进去的情节。无论是和故事相关的，还是和自己的家庭相关的，都是孩子们迸出的思想火花。

第三单元

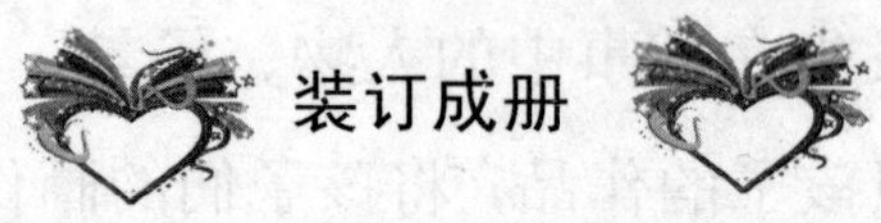

装订成册

【教学目标】

将孩子们的作品装订成绘本，每人 1 本。

【教学准备】

孩子们作品的复印件、封面、封底署名。

【教学过程】

1. 让孩子们每人都有 1 份作品的复印件，按照顺序排号，并在指定的位置，给这些复印件标注页码。

2. 老师将自己准备好的封面发给宝宝，并帮助宝宝装订。在装订的过程中，老师要握着孩子的手，让孩子共同参与这个环节。

【教学延展】

这本绘本的封底，其实就是孩子们的署名，老师要将每一个孩子的姓名写进小作者的栏目中，增强孩子的参与性与积极性。这将是孩子在大班盛宴中那个最重要的课题，也是最珍贵的礼物。

在今后的日子里，孩子每次翻开这个绘本，都会想到这个教学过程中的每一个环节。孩子的记忆是很短暂的，所以一定要不断加深孩子的印象。

我们在做这件事情的时候，目的不是让孩子记住每一个故事，而是要让孩子记住这样的一种逻辑性，同时记住绘本制作的每一个环节，这些将对孩子造成很深远的影响。

六、主题活动后的总结

好听的故事总是能引起孩子的兴趣，所以老师在给孩子灌输任何思想之前，要用一个有趣的故事作为基点，然后拉近与孩子心灵的距离。沟通的目的是让心灵更近，教育的目的是拓宽孩子世界的边界。但是孩子的世界本来是没有边界的啊，孩子总是因为学到了更多，反而内心世界越来越小。很多时候是家长和老师的思维限制了孩子的发展。所以，对于孩子来说，正确答案是最不重要的，学习的过程才是最重要的。每个孩子对于一件事物的看法都有可能是不同的，老师要正确认识孩子的差异性，让孩子保持自己的个性和天性，让孩子更加自由地成长。

在孩子的世界中，只有涉及规则的时候，才是有标准答案的，那个答案是我们赖以生存的法则，而其他大多数的时候是不需要正确答案的。

孩子的画作中，天空一定要是蓝色的吗？树叶一定是绿色的吗？云朵一定是白色的吗？并不一定。在孩子的想象的世界中，

一切不合理的都是合理。而我们没有见过的现象不一定就不存在，哪怕是人类都还没有发现过，也不要告诉孩子这个答案是否定的，永远都要给孩子留下一个想象和探索的空间，让孩子更具有探索的精神。因为未来的世界是属于孩子们的，人类的进步在于不断地超越，而老师最有成就感的一刻并不是孩子学会了自己所教给他的知识，而是孩子超越了老师的理论，对于这件事情能够有自己的答案。我们希望每一个孩子未来都有成为科学家的可能。

每一个孩子的成长都应该是多姿多彩的，老师不要用自己的框架束缚孩子的成长。

第五节　学前班成长主题

我长大了

这个课题是孩子告别幼儿园的主题，从此以后，孩子就要告别幼儿园生活，正式成为一名小学生了。这个课题的设置是为了增强孩子们的自豪感，也为了能够帮助孩子适应即将到来的小学生活。

一、教学的意义

幼儿园大班的生活，是孩子在幼儿园生活的结尾，我们希望每一个孩子的幼儿园生活都能画上一个圆满的句号。在这个特殊

的时期，大多数孩子将面对人生中或者有记忆以来的第一次分别，我们需要教会孩子怎样处理好这样的情绪，也希望孩子能将这份美好的回忆永远记住，人生就是由一段一段美好的记忆组成的。要让孩子明白，离开现在的朋友，到了小学会结识更多的新朋友，这样，我们的朋友就会越来越多，所以，这一次的分别，是为了以后可以更快乐、更坚强、更勇敢，也是为了以后能有更加美好的未来。

对于这一课题，老师也有很多不舍，正确的情绪表达也是孩子们应该学习的课题。

老师需要在这个过程中不断解答孩子对小学生活的疑问，帮助孩子提前了解并适应小学生活。

二、明确教学目标

1. 让孩子明白，成长是每一个人都要经历的，无论过程有多难，都是一种很难得的体验，而且在成长的过程中，越觉得难，就说明这次的成长越大。

2. 让孩子懂得珍惜自己的友谊，并能够正确表达自己对幼儿园、小伙伴及老师的不舍之情。

3. 让孩子能够感受到被祝福的喜悦感，同时也学会怎样祝福别人，学会积极有效的沟通方式。

4. 带着孩子了解小学生活，让孩子对小学的生活充满向往。

三、教学环境布景

在这个主题中，氛围的布置非常重要。首先，要让孩子们积极参与毕业典礼的紧张筹备中，并用照片的形式，记录孩子们的幼儿园生活。在幼儿园搭建“成长园地”，将孩子们成长的瞬间全部记录下来，让孩子看见自己和朋友们在一起时开心的笑脸，让孩子看见自己在幼儿园参与的大型活动。将最重要的瞬间制成相册摆放在成长园地，这也将影响孩子记录自己回忆的方式。

准备大量的积木，让孩子搭建自己心中的小学。

准备大量的字卡，让孩子学会组字，并发现学习的乐趣。

每天留少量的课后作业，让孩子逐渐适应井然有序的小学生活。

四、亲子作业

1. 让家长帮助老师一起收集孩子的照片。

2. 让家长参与毕业典礼的筹备中来，并邀请家长参加孩子的毕业典礼。家长的重视程度会对孩子升小学的兴趣程度有很大的影响。

3. 为孩子准备毕业礼物。礼物不一定要贵重，但是一定要用心，是孩子可以留住做纪念的礼物。

五、活动的具体实施

本次的课题主要由“会变的字宝宝”“我心中的小学”“参观小学”三部分组成，在实施的过程中主要引导孩子正确面对升学这件事情，让孩子在愉快的氛围中度过这个忙碌毕业季。

第一单元

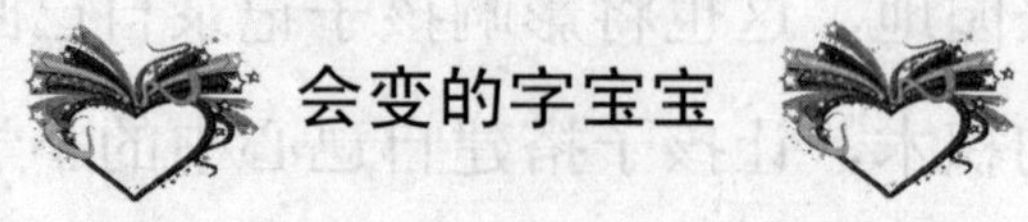

会变的字宝宝

【教学目标】

（1）让孩子对学习更加有兴趣。

（2）让孩子更有探索的精神以及举一反三的能力。

【教学准备】

（1）制作四叶草形状的字卡，四叶草的颜色是不同的。

（2）将字写在字卡上。

（3）将字卡一分为二，也就是说将偏旁部首单独分离出来。

【教学过程】

将所有的字卡打乱，让孩子自由组装偏旁部首，看看能组装成多少不同的字宝宝。这样的目的是调动起孩子积极主动学习的动力，同时也让孩子更有探索的精神，能够做到主动思考。

第二单元

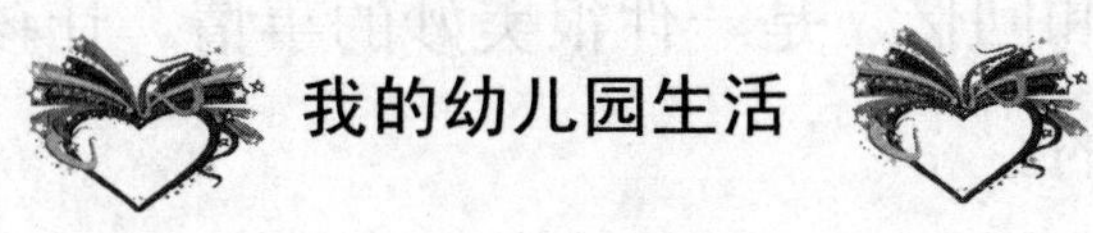

我的幼儿园生活

【教学目标】

1. 让孩子在回忆幼儿园生活的过程中，与小伙伴分享自己的情绪，锻炼孩子的语言表达能力。

2. 让孩子能够精准地表达自己的情绪。在表达的过程中，要求孩子的声音洪亮，语言优美。注重孩子的仪态的培养以及口语表达能力的培养，让孩子有一个优雅的语言环境，让孩子知道什么样的语言是美的。

【教学准备】

照片和骰子。

【教学过程】

将孩子们的照片组成相册，孩子们围坐在相册的四周，用扔骰子的方式决定谁先讲自己的趣事。之所以要用骰子，是因为这个时期的孩子会很敏感，在公共场合下说话由原来的不敢，变成

了现在的不好意思，尤其是要将自己的事情说出来。所以用扔骰子的方式来决定先后顺序，能够让孩子更容易接受一些。

最开始的时候，孩子们可能会有一些放不开，讲的故事也并不会很动听，但是老师要继续给予鼓励和支持，让大家知道，分享自己的想法和回忆，是一件很美妙的事情。让孩子知道这个机会是来之不易的。

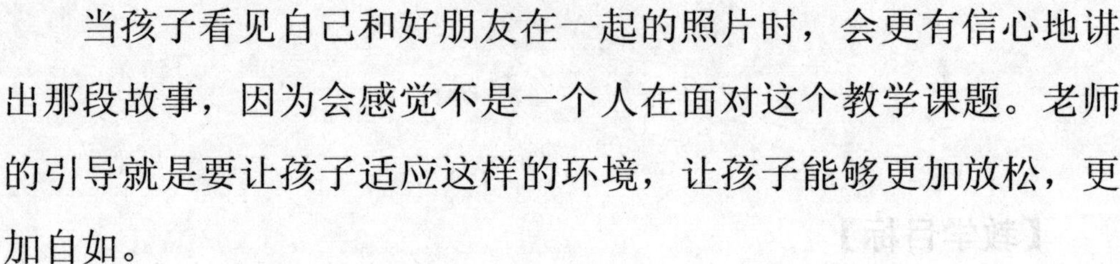

当孩子看见自己和好朋友在一起的照片时，会更有信心地讲出那段故事，因为会感觉不是一个人在面对这个教学课题。老师的引导就是要让孩子适应这样的环境，让孩子能够更加放松，更加自如。

当孩子讲到一个大家都知道的情节的时候，会有其他小朋友抢着说，这时候老师首先要肯定插话的小宝宝的发言，之后又要强调："让发言的同学先说，等一会老师来听你的补充，相信你会知道很多大家不知道的有趣的细节。"这样既不会让孩子感到尴尬，也能让孩子知道与人交往的秩序。

第三单元

我的小商店

【教学目标】

（1）增强孩子对数字的敏感度及对数学的兴趣。

（2）提高孩子的算术能力。

（3）认识不同面值的人民币，并且能算出自己需要付多少钱。

（4）让孩子知道数学在生活中哪些方面可以应用到。

【教学准备】

每个孩子从家中带来 3 种玩具，并带来代表不同面值人民币的纸卡，老师准备不同面值的人民币。

【教学过程】

首先，老师要教会孩子认识不同面值的人民币，让孩子对金钱有一个基础概念。

然后，老师要帮助每一个孩子给自己的玩具定价，并让孩子将玩具的定价做成纸卡贴在玩具上。

接下来就是实践的过程。每一个宝宝手里都有不同面额的“人

民币”，让孩子模拟买卖的过程，同时让孩子知道怎样付钱和找零钱，建立起孩子初级的理财意识。在这个过程中，每个孩子的算术能力都会得到提升。

第四单元

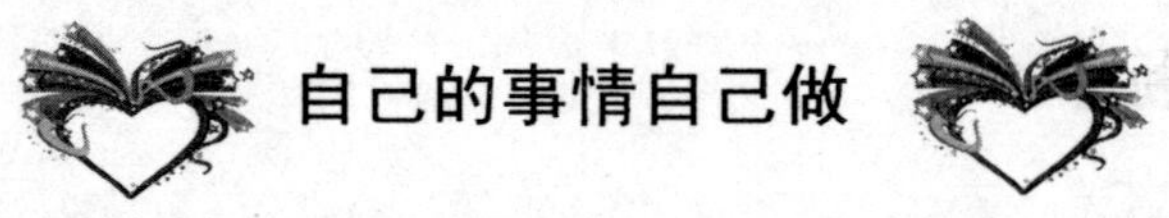

自己的事情自己做

【教学目标】

（1）让孩子学会整理自己的小书包。

（2）增强孩子的自理能力。

【教学过程】

孩子升小学后，学业会增加，书本也会增加。因为在幼儿园的过程中，孩子的书包里基本上都是平时需要更换的少量衣物、自己的水杯及少量的小零食，而大多数时候是由家长来帮助整理的。但是到了小学阶段，会用到很多文具，孩子要学会自己整理书包，分类别整理自己的文具，也要明白根据不同的课程表带不同的教学道具。老师要给孩子们讲解每一种文具的作用，加强孩

子们的印象，并调动起孩子们的好奇心。

家长在帮助孩子选择书包的时候，尽量选择有一些夹层的，可以帮助孩子分类整理。这个环节特别能展现出每个孩子的动手能力和自理能力。现在的孩子大部分的事情都是家长代劳的，缺少很多必要的生活经验，每天都以自己还小为理由拒绝长大。这些举动在家长眼中是可爱的，但是在老师的眼中是可怕的。这个社会需要的是有理想有担当的人才，并不是长不大的宝宝。宝宝从小就要有一种意识：“我已经长了，很多事情可以自己做了。”同时让宝宝知道，自己的事情自己做是一件很光荣的事情，成长也是一件很值得骄傲的事情。能够自己的事情自己做，证明你是一个优秀的孩子。这样，孩子的积极性才会被彻底调动起来。

第五单元

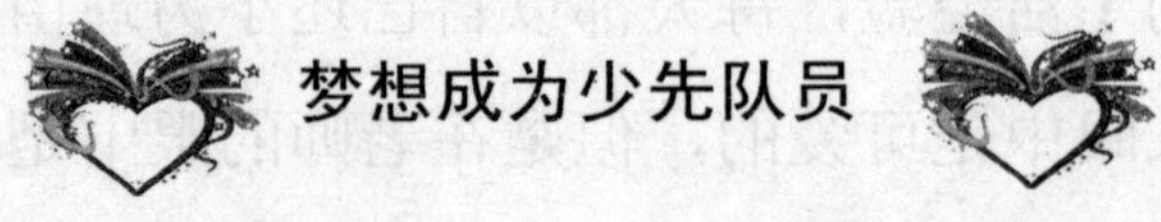

梦想成为少先队员

【教学目标】

（1）对孩子进行爱国主义教育，让孩子知道红领巾的由来。

（2）让孩子知道成为少先队员的光荣感和骄傲感，从而对小学生活充满向往。

【教学准备】

红领巾

【教学过程】

1. 给孩子讲解红领巾的来历。

1922 年 2 月 13 日，世界上第一个少先队组织，在苏联莫斯科诞生了。刚成立的少先队，没有特殊的标志。那时的饥饿、困难正威胁着全体苏联人民，当然考虑不到少先队的标志问题。列宁的夫人克鲁普斯卡娅十分关心下一代的成长，建议共青团给少先队员们设计一种特有的标志。在一次接受新队员的大会上，来参加会议的先进女工把自己的红色三角头巾解下来系在少先队员的脖子上，勉励他们说：“戴着它，别玷污了它！它的颜色是同革命战旗一样的！”红领巾就这样诞生了。

新中国诞生不久，1949 年 10 月 13 日，中共中央委托共青团中央建立全国统一的少年儿童组织——中国少年儿童队。1953 年 6 月，改为中国少年先锋队，简称少先队。少先队继承了革命战争年代儿童团的优良传统，与过去的儿童团一样，用红领巾作为自己的标志。红领巾是红旗的一角，象征着革命的胜利。少先队队礼是五指并拢，高举过头，表示人民的利益高于一切。呼号是：“时刻准备着，为共产主义事业而奋斗。”星星和火炬燃烧在队旗上，引导着少先队员在党的领导下向着光明和未来前进。

2. 老师可以给孩子们找一些视频的影像看，让孩子能够深刻理解红领巾的意义，并告诉孩子们，现在是一个和平年代，不需要战争，但是红领巾已经是一个幼儿成长为有担当有责任感的小学生的证明，有了红领巾，就证明我们是最优秀的小学生了！

第六单元

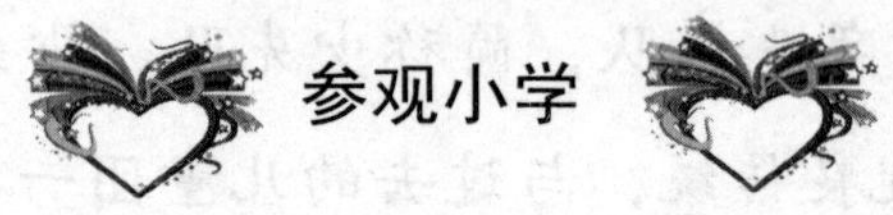

参观小学

【教学目标】

（1）让孩子对小学有一个更加直观的印象。

（2）让孩子体验上小学的自豪感。

【教学准备】

让孩子带好水、背好书包，在老师的带领下参观小学升旗仪式。但是这一次户外活动不带零食，要让孩子有克制自己欲望的能力。

【教学过程】

老师要事先和学校沟通好，带领孩子们一起去参观升国旗的仪式。这是小学生活那个最神圣的画面，也能激发起幼儿对小学生活的向往与崇拜。老师在带着孩子去小学参观之前，首先要和孩子们说清楚，在升国旗的过程中，所有的人都不能说话。少先队员要对着国旗行队礼，不是少先队员的孩子们要对国旗行注目礼。小学的哥哥姐姐们会排成整齐的队伍，幼儿园的宝宝要听老师的话，乖乖排队站好，双手并拢站在队伍中。

在观看完升旗仪式后，老师可以根据学校当天的课程，带领孩子参观课堂。但一定是生动有趣的课堂，比如科学实验课堂等等。总之，活动的主要目的就是建立起小学在孩子心中的神圣感，让孩子们对于自己即将成为小学生这件事情感到很自豪。

【教学延展】

老师可以选择一个在整个活动中表现最棒的宝宝，给宝宝戴上鲜艳的红领巾。这既是对宝宝的鼓励，也能让孩子们加深爱国主义情怀。

六、主题活动后的总结

幼升小是孩子生命中非常重要的环节，因为幼儿的适应能力比较差，所以这个循序渐进的过程非常重要。无论是从学习上、生活上还是习惯上，老师都要提前模拟小学生活，让孩子尽快适应。幼儿园的生活是无拘无束的，但是进入小学生活，孩子们将理解纪律的重要性。同时，上小学之后，孩子们将面临真正的考试，有的孩子如果不理解考试的真正意义，就会被考试这件事情吓坏。而且有的宝宝就是不擅长考试，所以在幼升小的时候，老师还要提前帮助孩子适应小学的考试。让孩子正确面对自己的成绩，必要的时候，要对孩子进行挫折训练。

现在的孩子大多数是在表扬训练中长大的，但是这样的孩子往往不能正确面对自己的缺点和不足，更不喜欢自己比不上别人。这些将来有可能会发生的负面情绪，老师要及时发现并提早干预。

第六节　幼儿主题派对

圣诞节

圣诞节是西方的传统节日，在西方家庭中，对于圣诞节的重视相当于中国的春节。而给孩子一个原汁原味的圣诞派对，不仅能让孩子在欢乐的氛围中感受国际化的风俗传统，而且增长孩子的见识。

一、教学的意义

派对是每一个小朋友都很期待的，圣诞节派对除了要让宝宝了解圣诞节的起源、风俗之外，还要让孩子们参加集体表演，增强集体荣誉感，更要熟悉舞台、热爱舞台，培养宝宝的表现力。

本次圣诞节派对会邀请家长共同参与，让这个节日成为一个家庭和学校共同的联欢会。

二、教学目标

1. 讲解圣诞老人的来源和圣诞节的风俗。
2. 举办圣诞舞会，邀请家长一同参加。
3. 让家长和宝贝一起DIY圣诞小饰品,可以是圣诞帽,小发卡等。

三、教学环境布置

1. 圣诞树、圣诞挂饰、圣诞老人、彩灯。
2. 圣诞袜、小布贴、胶水等。
3. 舞台布置。

四、亲子作业

让家长和宝宝一起努力，制作一个美丽的圣诞帽，只要是红色和白色搭配的就可以，其他的装饰要由宝宝和家长一起努力，共同发挥自己的想象力和创造力。

五、教学过程

第一单元

制作圣诞贺卡

【活动目标】

讲解圣诞的风俗，参与圣诞活动。

【活动过程】

老师讲故事

哈哈兔是一个很调皮的兔宝宝，经常将妈妈刚收拾好的屋子弄得乱七八糟的。哈哈兔的妈妈每次都要非常吃力地打扫。但是哈哈兔是爱妈妈的，他不是故意把那个屋子弄乱的，只不过是他太喜欢自己的玩具了，玩着玩着就忘记了收拾。

哈哈兔还经常在外面捉蛐蛐，弄得自己一身白色的绒毛黑漆漆的，小鼻子头上总是带着伤，妈妈看见又心疼又无奈，总是温柔地帮助哈哈兔洗澡，并且告诉哈哈兔："宝贝，妈妈知道你很喜欢在外面玩，但是一定要记得，回到家之后要洗手，不能用脏手揉眼睛。"妈妈说的这些话哈哈兔都能背下来了，不过，玩起来的时候还是会忘。

有时候，哈哈兔想，妈妈会不会因此不喜欢自己啊。因为自己总是忘记妈妈的叮嘱，好像总是在给妈妈添麻烦。妈妈呀妈妈，

我真的想能许下一个愿望，希望自己可以快点长大，这样就不会惹您生气了。

圣诞节就要到了，哈哈兔认认真真地给圣诞老人写了一封信，放在了自己的圣诞袜中。

亲爱的圣诞老爷爷：

您好！

我是哈哈兔！您不要帮我准备圣诞礼物了，我希望今年能为妈妈准备一份圣诞礼物。圣诞老爷爷，您能帮助我吗？因为我希望自己可以快点长大，这样妈妈就不会这么辛苦地照顾我了。

爱你的哈哈兔敬上！

第二天早上，哈哈兔发现，自己写给圣诞老人的信不见了，取而代之的是圣诞老人写给哈哈兔的一封信，还有哈哈兔的照片。第一张照片上写着“哈哈兔第一次学会吃饭”，第二章照片上写着“哈哈兔第一次自己穿袜子”，第三张照片上写着“哈哈兔第一次自己洗手帕”……哇，这些照片是什么时候照的呀。圣诞老人在信上说要让哈哈兔给妈妈制作一张圣诞贺卡，在贺卡上面粘贴好自己成长的照片，让妈妈看见哈哈兔的成长。同时还要写上自己对妈妈的爱。

这一天，哈哈兔把自己关在房间里一直都不肯出去，他要亲手为妈妈准备一张圣诞贺卡。对，就按照圣诞老人的指示去做，妈妈肯定会开心的。可是，那样做自己就会长大吗？哈哈兔不太

敢相信，但是还是决定试着做一下。

到了晚上，哈哈兔的贺卡终于做好了，上面还贴上了好几个胡萝卜画贴，妈妈看见了一定会喜欢的。

到了晚上，哈哈兔突然来到妈妈的面前说："妈妈，妈妈，这是我亲手为您做的圣诞贺卡，妈妈您照顾宝宝辛苦了，宝宝一定会听妈妈话的。"

兔妈妈接过哈哈兔的贺卡之后，高兴地流出了幸福的眼泪，说："宝宝，你可真是长大了，妈妈实在是太开心了！"

看见妈妈这么喜欢自己的礼物，哈哈兔也很开心，但是哈哈兔最开心的事情还是妈妈说自己长大了！原来向圣诞老人许愿真的很灵验啊！

同学们，老师这里也有很多大家的照片，我们一起来为爸爸妈妈做一张圣诞贺卡好不好？

通过故事，调动起大家对圣诞贺卡的向往，并且让孩子们能够更加深刻地理解这张贺卡的意义。这就是这一堂手工课的意义。孩子们通过自己的照片整理，会有一个逻辑思维的锻炼。因为孩子组合照片的顺序，就是孩子对自己成长道路的梳理，无论怎样，都是孩子自己的回忆。

同时，通过粘贴装饰画，也能锻炼孩子的手指精细动作的发展，并且让孩子更具有审美的能力。在贺卡的制作过程中，最难的过程就是写字的过程，小班的宝宝只要写出"I LOVE YOU"就可以了，大班的宝宝可以学会写出"爸爸妈妈我爱你"。

第二单元

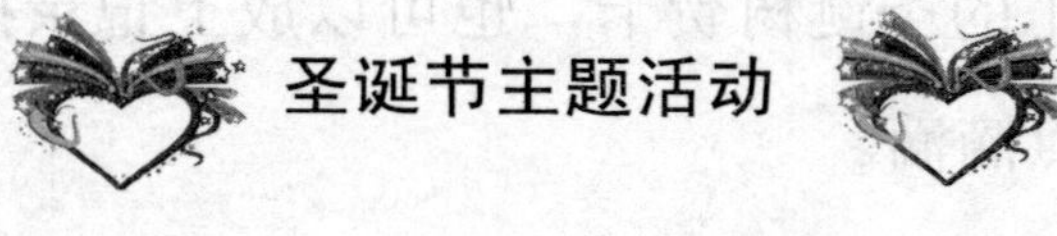

圣诞节主题活动

【活动目标】

了解圣诞老人的故事。

【活动过程】

1. 了解圣诞老人的由来

每年圣诞节，圣诞老人骑在驯鹿上，圣童手持圣诞树降临人间。圣诞老人穿着红装，留白胡子，一直保持着和蔼的微笑。在德国，传说圣诞老人把坚果和苹果放在孩子们鞋里。他乘双轮马车四处漫游，观察人们的行为，尤其是小孩，如果表现好，将会得到苹果、坚果、糖等诸多奖品。坏孩子则得一鞭子。现在，圣诞节已经成为一个全民的节日。圣诞老人已经成为圣诞节最受喜爱的象征和传统。他赶着驯鹿，拉着装满玩具和礼物的雪橇挨家挨户给每个孩子送礼物的快乐老精灵的形象，已深深地留在人们的记忆中。传说，圣诞老人会在圣诞夜从窗户爬进小朋友的家中，将准备好的礼物放在宝宝的圣诞袜中。

2. 了解圣诞节风俗习惯

（1）圣诞卡

圣诞卡在美国和欧洲很流行，也是维持与远方亲朋好友关系的方式之一。许多家庭随贺卡带上年度家庭合照或家庭新闻，新闻一般包括家庭成员在过去一年的优点特长等内容。幼儿园的圣诞卡可以是手工的圣诞树贺卡，也可以放上记录孩子这一年在幼儿园成长的点点滴滴。

（2）圣诞帽

那是一顶红色帽子，据说晚上戴上睡觉，除了睡得安稳和有点暖外，第二天你还会发现帽子里多了心爱的人送的礼物。在狂欢夜它更是全场的主角，无论你去到哪个角落，都会看到各式各样的圣诞帽。幼儿园里的圣诞帽可以由老师和孩子一起动手制作，材料可以选择红色和白色的无纺布，然后用胶水粘贴。

（3）圣诞袜

因为圣诞袜是要用来装礼物的，所以是小朋友最喜欢的东西，晚上他们会将自己的袜子挂在床边，等待第二天早上收礼。圣诞袜可以选择泡沫纸或者无纺布都可以，或者用买好的圣诞袜，大家一起装饰圣诞袜。其实圣诞节的很多小环节都可以引申为一天的手工课程，所以圣诞节的活动可以提前至少一周筹备。

（4）圣诞树

近代圣诞树起源于德国，后来逐步在世界范围内流行起来，成为圣诞节庆祝中最有名的传统之一。通常人们在圣诞节前后把一棵常绿植物如松树弄进屋里或者在户外，并用圣诞灯和彩色的装饰物装饰，还把一个天使或星星放在树的顶上。有了圣诞树的圣诞节才是完整的圣诞节，所以幼儿园老师一定要和宝宝装扮一棵色彩缤纷的圣诞树。

3. 圣诞贺卡的制作

这个圣诞节，老师和宝宝一起努力，给家长制作一张圣诞贺卡，手工区布置好油画棒、水彩笔、彩色的油泥及小印章、红色和绿色的卡纸等。

4. 圣诞节的活动设计

在圣诞节活动之前，除了要彩排节目以外，还要让小朋友们适应舞台表演，要让宝宝对自己的登台表演有所期待。幼儿园的表演不建议有功利性的评奖，而是要所有宝宝参与就好，让宝宝感受快乐的氛围。表演之前，老师要提前给宝宝做好心理准备，让宝宝对圣诞舞会充满期待！老师可以用生动的故事吸引宝宝的注意力。

大森林里要开圣诞舞会了，在这一天，所有的小动物都要做好朋友，即使大灰狼遇到了小白兔，也是不会吃掉小白兔的。这一天大家可以尽情玩耍。圣诞老人希望每一个小动物都穿上自己最美丽的衣服来参加圣诞舞会，并且为大家表演节目。

小白兔穿了一件粉红色的连衣裙，看起来美极了。妈妈为她做了一个胡萝卜小包，还为她编了一个玫瑰花的花环，上面点缀着星星草，好美啊。大家看着小兔子，好像这样去舞台上表扬还是缺点东西呢，缺什么呢？知道了，好像不够闪亮！这时，萤火虫飞过来说，我们能帮忙。于是萤火虫围着小兔子的花环转了一圈，纷纷落在花瓣上。这时，小蝴蝶也飞过来了，展开翅膀落在小兔子的头上，这是大家见过的最美的“蝴蝶结”了。小兔子有些害羞地低下头说：“谢谢大家为我准备的演出服，我真的是太开心了。本来我还不太敢上舞台的，现在，有了大家的帮助，我一定会好好表演的！”

这时，大灰狼说：“我有一串项链，先借给你戴一会！”小兔子听到大灰狼的声音吓得瑟瑟发抖，还是小熊安慰她说：“别害怕，别忘了，今天是圣诞节，是大森林里的平安日，所有的动物都要和平共处的。”

于是小兔子欣然接受了大灰狼的项链，同时也感谢小熊的安慰。当舞台上的灯光亮起来，大家看到小兔子像小仙女一样站在台上为大家表扬，她唱了一首《雪绒花》，歌声婉转温柔，美妙极了，连大灰狼都连连称赞，忍不住为小白兔叫好呢！

这时，森林里传来了叮铃叮铃的声音。小动物们都想知道，是不是圣诞老人坐着麋鹿拉的雪橇赶来了？走近一看，大家哈哈大笑，原来不是圣诞老人坐着雪橇过来了，而是梅花鹿把自己打扮成麋鹿的样子拉着雪橇跑过来了。梅花鹿在自己脖子上挂着银色的小铃铛，雪橇上面装饰了满满的小彩灯，灯光闪烁，美不胜收！而雪橇上面放满了各种颜色的礼物盒子。梅花鹿喊道：“好朋友们，我给大家准备了圣诞礼物！大家快来拿啊！”

这真是一个有意思的圣诞节，大家的圣诞礼物也非常有意思：小花狗收到了一根肉骨头，小黄猫收到了一条小鱼干，小兔子收

到了一根胡萝卜，大灰狼收到了火腿肠……大家打开自己的礼物之后哈哈大笑，没关系，无论怎样，这都是一个让自己终身难忘的圣诞节，不是吗？

接下来老师要编排集体舞蹈，让每一个孩子都能够感受到圣诞节的氛围。老师要观察孩子们在集体活动中的表现。有的孩子在第一次上台表演的时候会非常怯场，老师一定要及时给予鼓励。也会有一部分孩子在第一次登台表演的时候一切都很好，但是一旦看见自己的妈妈在旁边，就会希望妈妈抱抱，在得不到安慰的情况下孩子会崩溃，在台上大哭。如果是表演前孩子情绪崩溃，老师可以让家长安抚一下宝宝，但是如果表演开始了，老师就要让小朋友明白；当音乐响起的那一刻，完成自己的表演就是一个使命。即使是哭着的，老师也可以微笑着带着宝宝一起做动作。如果宝宝只顾着哭，那么宝宝的动作可以在老师的帮助下完成。总之，这是一个集体性的活动，任何人都是不可替代、不可缺少的。要增强宝宝的集体荣誉感和使命感。

第七节　幼儿主题派对

春节是中华民族最重要的传统节日，我们要通过春节主题活动，让宝宝更加喜欢中华民族的传统。设计春节主题活动，因为这是最具有中国特色的一个节日。

一、教学的意义

在春节的主题活动中，不用像圣诞节那样完整度过，因为我们每个家庭都会有一个非常隆重的春节，所以在幼儿园的教学过程中是要让孩子真正了解春节的来历以及习俗，让孩子爱上中华

民族的传统文化。

二、教学目标

1. 讲解春节的来源和春节的风俗。
2. 让孩子们一起体验包饺子的过程。

3. 和宝贝一起制作剪纸。

三、教学环境布置

1. 剪纸窗花、写春联、包饺子。
2. 年俗系列主题画欣赏。

四、【亲子作业】

让家长和宝宝一起准备新年套装。这一个主题活动希望孩子能够穿得喜庆而传统，所以希望家长能为孩子准备漂亮的唐装。

五、教学过程

第一单元

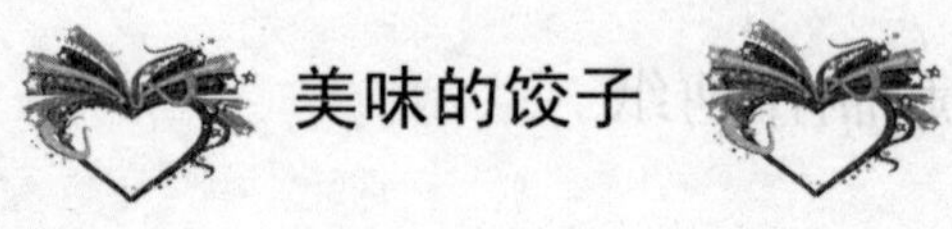

美味的饺子

【活动目标】

让孩子们体验包饺子的乐趣。

【活动过程】

1老师讲故事

春节就要到了，哈哈兔非常开心，因为他可以收到好多有意思的新年礼物了。爸爸说，在春节这一天要给哈哈兔做一个七彩的大灯笼，还要带着哈哈兔一起贴春联呢。这虽然不是哈哈兔过的第一个春节，可是之前过春节的时候哈哈兔太小了，不能和爸爸妈妈一起动手。这一次，哈哈兔终于可以自己参与进来了，他好开心啊！

一大早，哈哈兔就早早起床，帮助妈妈一起收拾屋子，因为妈妈说了，春节一定要干干净净的才行，家里要把旧的东西打扫干净，才能迎接更好的将来。妈妈说这叫“辞旧迎新”。哈哈兔不是非常理解这里的含义，但是妈妈说，意思就是过了春节，哈哈兔又长大了一岁！哈哈兔决定一定要在新的一年里成为一个特别乖的乖宝宝。所以他决定要尽自己最大的努力帮助爸爸妈妈做所有的事情。

“哈哈兔，来帮助爸爸贴春联和福字了！”这是兔爸爸在叫自己呢，哈哈兔听见爸爸的声音立刻就跑了过去，帮助爸爸抹糨糊，而且还贴了好几个福字呢！到了下午，哈哈兔和妈妈一起准备晚饭，他可以帮助妈妈摘菜、洗菜。在妈妈的帮助下，哈哈兔还学会了包饺子！他给自己和爸爸妈妈每个人都准备了一个爱心饺子，他还偷偷地在其中一个饺子中包了一块糖果，听妈妈说，如果谁吃到了有糖果的饺子，在新的一年里就可以甜甜蜜蜜！想想就很开心！在哈哈兔和妈妈包饺子的过程中，爸爸为哈哈兔做了一个五彩缤纷的大灯笼！这可真是一个有意义的春节！

小朋友们，大家想不想也拥有一个很有意义的春节？想不想学会包饺子然后回家给爸爸妈妈一个惊喜呢？今天我们的主题活动就是学习包饺子。

【材料准备】

面粉（让宝宝参与和面的过程）、擀面杖（老师擀饼，孩子观察即可）、饺子皮、鸡蛋、青菜、碗等。

【活动过程】

1. 让每个孩子体验一下打鸡蛋的过程，也就是说，每个孩子准备一个鸡蛋一个碗。将鸡蛋打好之后，由老师展示一下怎样将鸡蛋炒熟，做成备用的饺子馅，其余的鸡蛋送到厨房由阿姨们准

备即可。

2. 让每个孩子参与摘青菜和洗菜的过程，老师展示将青菜切成饺子馅备用，其余的青菜送到厨房由阿姨们准备即可。

3. 包饺子的过程，由老师先展示，然后每个孩子都可以在老师的帮助下包一个饺子。在这一次包饺子活动中，老师可以在其中一个饺子中包一个糖果，让孩子体验一下吃到“福饺”的喜悦。

第二单元

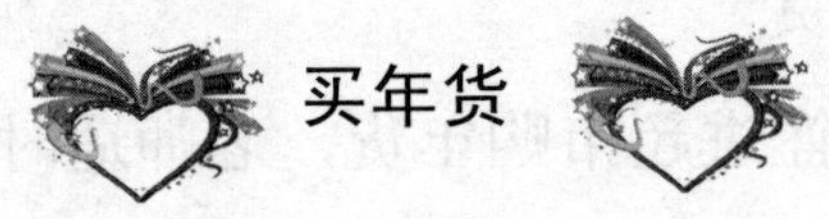

买年货

【活动目的】

1. 了解过春节人们购年货的习俗。

2. 进行购买年货的情景模拟，体验购年货的快乐。

【活动准备】

收集各种食品包装袋，五元、一元面值钱币若干，购物篮，布置好超市，新年音乐。

【活动过程】

一、引出话题

再过一个多月将要过我们中国人民最重视、最隆重、最热闹的传统节日，是什么节日？

二、通过提问的方式，引起幼儿讨论

1. 春节前，爸爸、妈妈们在忙什么呢？小结：买新年里需要的东西叫做“买年货”，购买年货是我们中国人过春节的习俗。

2. 你想不想也学学爸爸妈妈买年货？看，老师给你们准备了多少钱？（出示钱币，幼儿计算）我们用这些钱到超市去买年货好吗？把老师送给你们的钱用完好不好？不过在买年货时可要想一想，你为什么要买这些年货，你打算怎样享用这些年货？

三、幼儿购年货

幼儿手提购物篮进超市购年货，老师适时指导。

四、介绍自己所购的年货

1. 自由交流自己所购的年货。

2. 请个别幼儿交流买的年货。

【活动总结】

幼儿通过尝试购年货，了解过春节人们购年货的习俗，并借助本次活动让幼儿用指定数目的钱购买两件年货。购物完成后，幼儿能大胆表述自己购买年货的意图，使孩子获得互动交流的乐趣，体验购年货的快乐。

第三单元

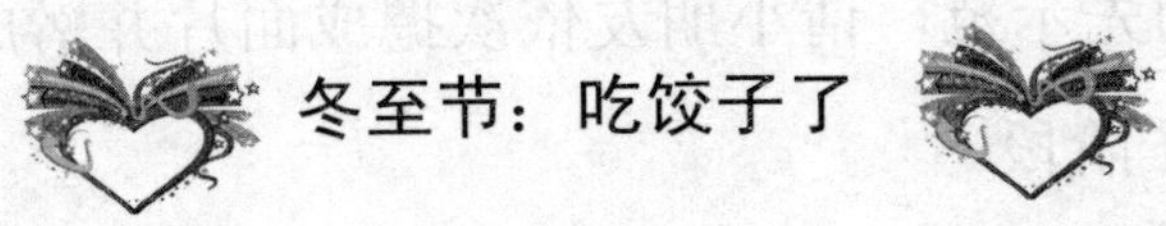

冬至节：吃饺子了

【活动目的】

1. 锻炼幼儿的动手能力，培养自力更生的意识。

2. 感受集体劳动的快乐。

【活动准备】

肉、芹菜、鸡蛋、葱姜、调味佐料、面团、刀、案板、小擀杖两个，小碗若干、小勺若干、盛馅盆、淘菜盆等。

【活动过程】

1. 老师把芹菜分配给幼儿，幼儿在老师的指导下进行摘去菜叶，老师把分摘后的芹菜整理后，在幼儿的监督下淘洗干净。

2. 生活老师把收集上来淘洗干净的芹菜、葱姜切碎。班级老师请小朋友逐个观看切菜的过程。

3. 拌馅阶段

生活老师把切碎的菜和肉放进盛馅盆并依次加入盐、味精、

五香粉、饺子调料、酱油、鸡蛋等，进行搓和、拌馅。请小朋友依次参观。

4. 擀面皮阶段

生活老师和班级老师进行分工，将面团切成小面团，用擀面杖擀皮。老师先示范，请小朋友依次摁成面片并擀成饺子皮。

5. 包饺子阶段

生活老师把饺子皮分发给小朋友，老师把饺子馅分别放在小朋友的饺子皮上，然后，班级老师进行示范，小朋友依示范进行包饺子。

6. 水煮阶段

生活老师集中包好的饺子，放进开水的锅里。水煮开添凉水一勺，共三遍，直至饺子熟透。请各班选出代表两名到厨房参观。回班后讲给小朋友们听。

7. 吃饺子阶段

生活老师把煮熟的饺子分发给各班的餐盆中，老师进行配餐，请小朋友们品尝自己包的饺子。

第四单元

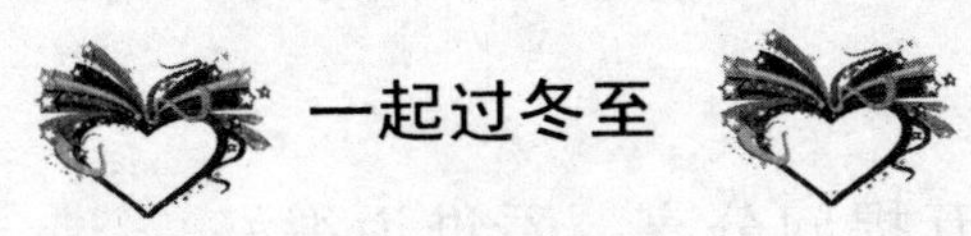

一起过冬至

【活动目的】

1. 了解冬至节的来历。

2. 让幼儿知道冬至节吃饺子的习俗。

【活动准备】

冬至节活动的图片若干张。

【活动过程】

1. 导入活动

教师提问：小朋友，你们知道今天是什么节吗？这一天我们都会吃些什么？和平时有什么不同？请幼儿看几幅图片回答问题。

教师：图片中的小朋友都在干什么？

让幼儿明白为什么要在冬至吃饺子，而不是吃面条。

2. 观察与讨论

（1）你们都知道哪些关于冬至的事情，请幼儿自由发言。

（2）教师给幼儿详细讲解冬至的来历，让幼儿了解。

（3）老师可以和幼儿一起讨论：在冬至的这一天，我们都要做什么呢？

（4）老师为幼儿解答：过了冬至以后天气会怎样？老师给幼儿教一首《九九歌》，让幼儿了解不同的节气。

3. 总结活动

（1）幼儿相互提问分享，看谁说得好。

（2）教师总结：通过此活动，不仅让幼儿对冬至有了更多的了解，也对节气有了更好的认识，同时也培养了他们勇于表达的好习惯。

第五单元

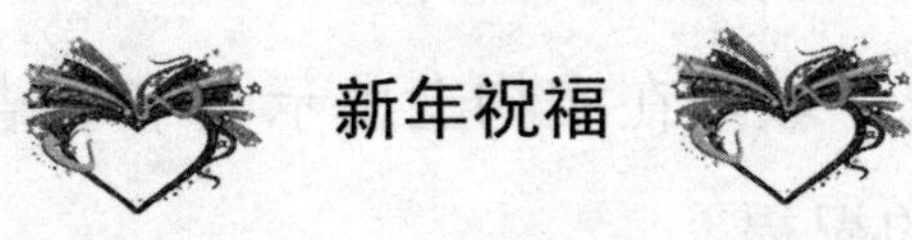

新年祝福

【活动目的】

1. 比较信和明信片的异同，熟悉信件的主要内容，乐意选择其中的方式寄信。

2. 知道新年就要到来，能充满乐趣地准备寄给自己的新年祝福。

【活动准备】

1. 信封、信纸、明信片、邮票若干；打印的幼儿地址、姓名。

2. 打印的汉字：邮政编码、邮票、收信人地址姓名。

3. 水彩笔、固体胶等。

4. 幼儿已观察了解过信封。

【活动过程】

1. 比较信和明信片

（1）引发观察：新年就要来到了，大家都有很多美好的祝福

送给自己，我有个小提议，我们用寄信的方式为自己送上祝福，好吗？前几天，俞典爸爸知道了朱老师的想法，特意为大家送来了一叠明信片，明信片怎么寄出，它和信有什么一样和不一样的地方呢？请大家去观察一下。

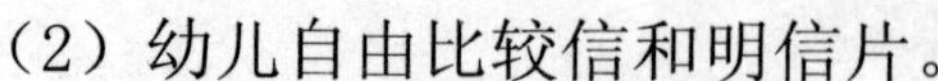

（2）幼儿自由比较信和明信片。

（3）分享交流，教师在实物上出示文字小结主要异同。

2. 送给自己的祝福

（1）激发兴趣：原来我们可以用信和明信片不同的方式给自己寄新年的祝福，你想用哪一种方式寄信呢？画上什么祝福呢？

（2）幼儿制作：等一会儿，请小朋友们选择自己喜欢的方式去准备，先画好寄给自己的祝福，然后写上邮政编码，贴上自己的地址和姓名，在信封上贴好邮票。

（3）互相欣赏、补充。

【延伸活动】

1. 去邮局寄信。

2. 收信后一起读信。

3. 在春节前夕为爸爸妈妈寄去新年的祝福。

第六单元

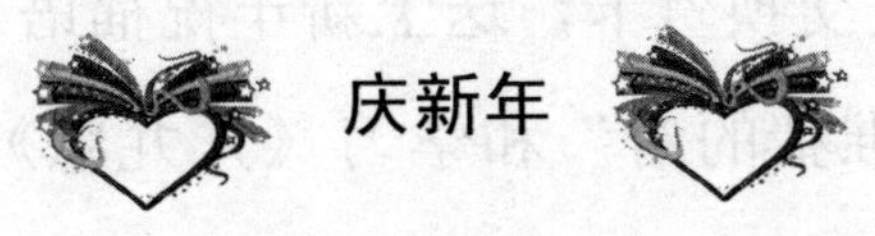

庆新年

【活动目的】

1. 通过与同伴、老师和家长的共同庆新年活动，体验亲情、友情和师生情。

2. 感受过新年的快乐。

3. 知道新年是我国的传统佳节，过了一年我们又长大了一岁，体验成长的快乐。

【活动准备】

1. 召开班级家委会、布置教室环境等。

2. 音乐和制作卡片材料。

3. 饺子皮、饺子馅、碗、筷子、电磁炉等。

4. 新年小礼物。

5. 幼儿自带水彩笔。

【活动过程】

1. 家长、教师带领孩子一起参与到包饺子、煮饺子、品尝饺子的活动中，感受集体活动带来的亲情感、成就感。

2. 家长和孩子共同制作贺卡，利用废旧材料和彩纸，制作新年贺卡。和小朋友交换贺卡，送上新年祝福语。

3. 游戏“看谁猜的对”和学习《九九歌》。孩子是每个家庭的重心，每位家长对自己的孩子喜欢吃什么、玩什么，喜欢穿什么等等，可以说是了如指掌。就是想考验一下各位家长，看您对自己的孩子是不是真的了解。

4. 家长和孩子在快乐的乐曲中共同跳起欢乐的舞蹈。

5. 送上新年的礼物。

第八节　幼儿主题派对

一、教学的意义

引导幼儿对身边常见事物和现象产生兴趣和探究欲望，对元旦的认识和了解，让孩子们体验到过新年的快乐。

二、教学目标

1. 让幼儿以各种方式参加节日活动，体会节日的快乐。

2. 愿意与老师和同伴大胆交往，说说自己过新年的趣事，与同伴一起分享快乐。

第一单元

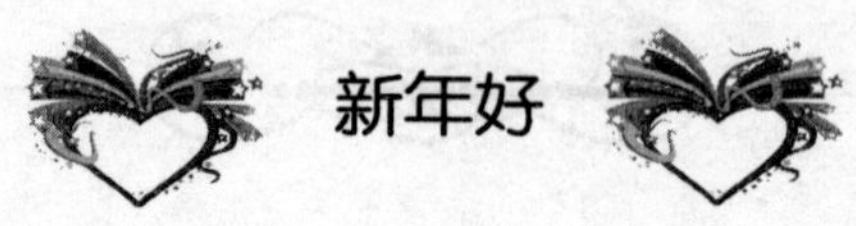

新年好

【活动目的】

1. 让幼儿初步了解一月一日是元旦节，是新的一年的第一天。

2. 感受过节的热闹、快乐气氛，了解一些常见的过节形式。

3. 幼儿会说一些简单的祝福话语。

【活动准备】

人们庆祝新年的图片以及歌曲磁带；课前排练大班孩子表演歌曲《新年好》；气球许多；皱纹纸做的尾巴许多条。

活动重点难点

重点：简单了解一些元旦的知识，并能够跟着老师一起唱歌曲。

难点：能够感受到过节的气氛，并表达自己的感受。

【活动过程】

1. 经验交流

（1）教师：新年就要到了，小朋友们过年时会和爸爸妈妈做些什么事情呢？

（2）教师：我们一起来看看新年的时候大人们是怎么庆祝的。（观看大人们庆祝新年的图片）

（3）教师：你看到大人们是怎么庆祝新年的吗？（幼儿自由讨论）

2. 学唱歌曲

（1）欣赏大班哥哥姐姐表演的歌曲《新年好》。

（2）跟大班哥哥姐姐学唱歌曲。采用“一帮一”形式学唱。

（3）为歌曲编配动作，随音乐载歌载舞。

3. 亲子游戏

（1）踩气球：家长脚上挂气球，背上背幼儿，音乐响起，去踩别人气球的同时又要保护好自己的气球不被别人踩坏，音乐停，气球没被踩坏的家长和幼儿得奖。

（2）揪尾巴：把彩条插在幼儿的裤腰上当尾巴，家长背上幼儿，音乐响起，家长背幼儿的同时让幼儿去揪别人的尾巴，家长和幼儿又要保护好自己的尾巴不被别人揪。音乐停，尾巴揪得多，自己的尾巴没被揪的幼儿及家长得奖。

【活动延伸】

学习英文歌曲 Happy New Year。

第二单元

新年礼物

【活动目的】

1. 幼儿学习捏泥、用彩纸包糖果的技能。

2. 发展幼儿手部肌肉，使手指、手腕的动作协调、灵活。

【活动准备】

橡皮泥、糖果纸若干；每组一只盘子。

【活动过程】

1. 导入部分

教师：今天小兔子也要过新年了，它想请我们小朋友一起参加它的新年聚会，我们送礼物给它好吗？送什么礼物呢？（幼儿自由讨论）

2. 进行部分

（1）教师出示糖果，幼儿观察

老师拆开做好的糖果，让幼儿观察糖果的形状以及糖纸。

（2）讲解示范

①取一点橡皮泥，搓成圆形、三角形、正方形。

②然后用糖纸包起来，两端旋转捏紧。

③把做好的糖果放在中间的盘子里。

④请个别幼儿尝试包一包。

(3) 幼儿操作，教师巡回指导，帮助能力差的幼儿完成作品。

3. 结束部分

把做好的糖果送给小熊，并祝兔子节日快乐。

4. 延伸部分

活动可以在区域活动中实施。

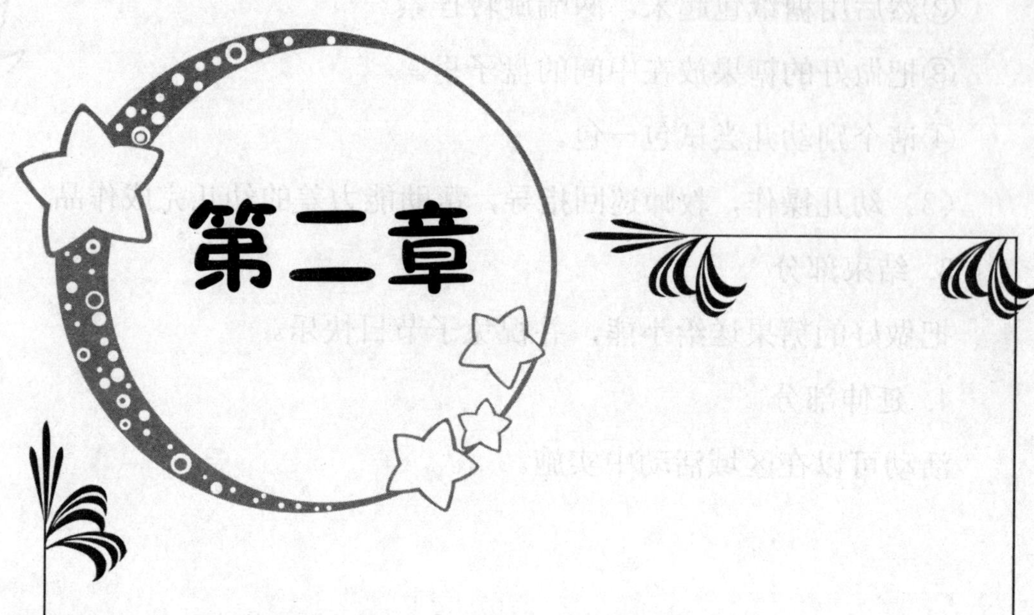

第二章

亲子关系 家长会时间

第一节　托儿班家长会主题

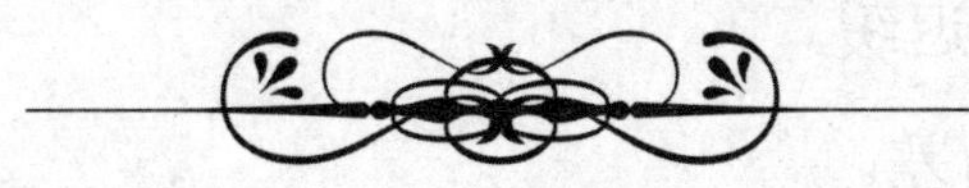

问题宝宝更需要爱

很多宝宝的情绪异常表现，其实是孩子的情感表达以及情感感知能力较弱，有的孩子自理能力较差是因为孩子的拇指精细动作发育迟缓。老师要针对这样的现象给予宝宝及时的干预。

一、家长会约谈的背景

（一）宝宝的基本概况

聪聪，男，40 个月，幼儿园小班幼儿。一直由奶奶照顾，爸爸和妈妈的工作比较忙，对孩子的关注相对较少。

（二）问题宝宝的表现

1. 内向，不合群。

聪聪上幼儿园已经有4个月了，但是依然没有任何一个要好的朋友。虽然幼儿园小班阶段的孩子情感表达还不完善，但是孩子们都能够友好地在一起玩耍。可是聪聪很少和大家一起玩，大多数时候都是自己一个人在角落里玩，或者站在旁边看着大家玩。

聪聪的语言表达能力也相对比较差，在同龄的小朋友中表现得语言发育有些迟缓。

2. 自理能力差。

聪聪还不会自己用勺子吃饭，而且经过老师的帮助，也并不愿意学。小朋友们在老师的帮助和训练下，可以自己穿鞋子，自己脱袜子和裤子，可以自己吃饭。虽然有些小宝宝表现为自己吃饭的时候不专心，但是经过老师提醒后，可以做到认真吃饭。很少有小宝宝吃饭全程都需要老师来喂的。但是聪聪连勺子都拿不稳，而且非常没有耐心。

3. 注意力不集中。

聪聪上课时候的注意力非常不集中。老师在教大家背儿歌的时候，聪聪不是站在大家对面看着，就是在教室里走来走去的。这样的行为对其他小朋友是有很大影响的。有时候，即使聪聪不说话也不捣乱，但是看得出，聪聪的思路并没有跟着老师走，而是沉浸在自己的小世界中无法自拔。

4. 情绪控制能力差。

聪聪上幼儿园之前还会大哭，而且很不好劝止。在幼儿园中，

如果有其他小朋友哭，聪聪会表现得很不耐烦，然而没过多久，聪聪就会跟着哭闹的小朋友一起哭，情绪非常难以自控。

5. 不顺心就躺在地上打滚。

老师在引导聪聪的过程中，只要聪聪稍有不顺心，就会立刻躺在地上打滚哭闹，不仅对其他小朋友造成了不良影响，还不听老师的劝导，扰乱秩序。

6. 不参加集体活动。

聪聪很少参加集体性的活动，对于幼儿园的诗歌课程更是不感兴趣，没有一首儿歌是可以完整背下来的。

（三）分析原因

1. 孩子不合群，说明孩子的社会属性很弱，不会与人沟通。聪聪在家里一直都是奶奶带的，奶奶的性格非常内向，不愿意与人交流，这也是造成聪聪不合群的原因之一。聪聪的家里人很少，因为平时爸爸妈妈工作忙，每天很晚才回来，从周一至周五，聪聪很少能够见到爸爸妈妈。上幼儿园之前聪聪都是一个人面对奶奶在生活，而奶奶基本没有自己的社交圈子。

2. 聪聪一直跟着奶奶生活在一起，老人对孩子溺爱是孩子自理能力差的主要原因。奶奶事事都亲力亲为，从来都不用聪聪动手。一方面是老人心疼孩子，另一方面是很多事情小宝宝做不好，会将房间弄得很乱，老人怕麻烦，于是就自己来做了。

3. 孩子注意力不集中的原因有很多种，聪聪是因为无论做什么事情，奶奶都会来打断聪聪。比如聪聪在看动画片的过程中，奶奶做好饭了，就会直接叫聪聪来吃饭，这时聪聪看动画片的思

路就被打断了。

4. 宝宝情绪控制能力差，严重的会有自闭倾向，所以聪聪的状况需要老师注意。

5. 聪聪喜欢在地上打滚，真的是和奶奶的溺爱有关。聪聪的妈妈说，由于自己和丈夫平时陪聪聪的时间比较短，所以面对聪聪的要求，大多数情况下都会答应的。即使不想答应，但是只要在大庭广众之下见聪聪躺在地上打滚，也就立刻答应了。

6. 对于聪聪不爱参加集体活动，很大的原因是聪聪不知道怎样融入集体生活。平早奶奶很少带聪聪出门，所以聪聪的世界非常小。现在面对一个更广阔的世界，聪聪并不清楚自己应该怎么融入进去。

二、家长会约谈的过程

第一阶段

 针对聪聪爱躺在地上打滚的表现 

（一）家庭教育：不满足孩子的要求

让家长配合学校的教育，在不影响聪聪身体健康的情况下，只要聪聪以躺在地上不起来为要挟家长答应自己的诉求时，家长一定不要理会。要让聪聪明白，哭闹是不能解决问题的，甚至有可能将事情变得更遭。

（二）学校教育：惩罚加奖励

聪聪在幼儿园中躺在地上不起来时，老师先带着孩子们到教室另一边，让聪聪知道，自己这样做是没有人理会。同时，老师要强化聪聪的优点，一旦聪聪做了一件正确的事情，就要奖励聪聪。并且建立惩罚和奖励管理制度：表现好，可以得到一张幼儿园积分卡，表现不好，积分卡就会得不到。积分卡的作用是用来兑换幼儿园的鼓励小礼物的。表现好得一分，表现不好不得分。这样可以明确孩子的目标。

经过一个月的调整，聪聪果然不用趴在地上不起来的手段来威胁家长了。虽然在实施的过程中看似对宝宝残忍，却是在帮助宝宝建立基础的是非观。

第二阶段

针对聪聪不参加集体活动的表现

聪聪在参加集体活动的时候参与感特别弱，即使是所有的小朋友都觉得有意思的小游戏，聪聪都是站在旁边看着。上课的时候聪聪总喜欢走来走去影响其他小朋友，老师让聪聪乖乖坐在小凳子上，但是聪聪坐在凳子上并没有听老师讲课，而是沉浸在自己的小世界里，时不时偷偷一笑。聪聪还是没有完全融入集体，没有感受到集体生活的乐趣。所以，让聪聪感受到集体生活的快乐，让聪聪有自己的好朋友，让聪聪学会与人交流才是最重要的。

（一）家庭教育：多陪陪孩子

1. 在家中多带着聪聪一起看书，每天给聪聪读一本绘本。

2. 带聪聪玩一些亲子游戏，可以玩“躲猫猫”“老鹰捉小鸡”的游戏等，让孩子能够感受到和大家在一起游戏的快乐。

3. 多和聪聪沟通，让聪聪说一下在幼儿园中发生的有趣事情，有哪些喜欢的小朋友、有哪些喜欢的小游戏、有哪些喜欢吃的东西等等。只要是和幼儿园相关的美好的记忆，就多鼓励孩子来

回忆。

（二）学校教育：帮助聪聪找朋友

先给聪聪一些分享的糖果或水果，让聪聪一一分给小朋友。比如说：“今天，聪聪为大家带来了分享的礼物，下面就让聪聪发给大家。小朋友们要坐好哦，每个人收到礼物后都要亲亲聪聪，并说谢谢。”刚开始的时候，聪聪会对小朋友的热情不知所措，因为聪聪的情感表达还没有其他小朋友那样丰富。

接下来，老师可以带着聪聪玩一些小游戏，比如说，两个小朋友手牵手转圈圈；两个小朋友一起玩跷跷板。老师尽量帮助聪聪安排一些必须两个人以上才能完成的小游戏，帮助聪聪尽快建立起集体荣誉感。

第三阶段

针对聪聪自理能力差的问题

在幼儿园的学习和生活过程中，老师发现聪聪之所以不会自己吃饭、换鞋子等，是因为聪聪的手指精细动作发育要比其他孩子稍微迟缓一些。这些可能是因为平时家长对聪聪照顾的太过周到，什么事情都不让聪聪自己动手做。这样帮助孩子其实是阻碍了孩子的自主发展。

在和聪聪爸爸约谈的过程中，老师发现，聪聪的妈妈和奶奶比较溺爱孩子，只要聪聪不想做，就立刻不让聪聪自己做了。时间久了，聪聪发现发脾气会给自己带来的好处，所以聪聪的脾气就会更加暴躁。

（一）家庭教育：鼓励孩子自己做

在让孩子自己动手做事情之前，可以先让孩子来玩一些游戏，比如捏橡皮泥、串珠子、捡豆子等，在做这些游戏的过程中，可以让宝宝获得自己动手的乐趣。平时家里做饭、包饺子的时候，也可以让聪聪一起来参与，给聪聪一小块面团，让聪聪自己包饺子。这样既能让聪聪感受到一家人在一起的和乐的氛围，也能感

受到自己动手的乐趣。

（二）学校教育——游戏：神奇的黏土

超轻黏土是孩子喜欢的玩具，不仅颜色丰富，而且可塑性很强。孩子对颜色鲜艳的实物感兴趣，所以老师会着重教孩子做一些彩虹颜色的东西，来吸引孩子的注意力。

制作彩虹颜色的东西很简单：

1. 先将不同颜色的超轻黏土准备好，每一种准备硬币大小即可。

2. 将不用颜色的超轻黏土搓成长短相近的条形。

3. 将不同颜色的黏土条依次摆在一起，用手轻轻按压让其连接在一起。

4. 将黏在一起的黏土条擀成饼，这样黏土就成了一个彩虹颜色的饼状了。

5. 用模具在黏土饼上刻出自己喜欢的形状，我们的手工就完成了。

在这个过程中，老师要先帮助聪聪一起来完成，完成之后要给予聪聪充分的鼓励和肯定，让聪聪爱上自己动手。还可以让小朋友们一起玩串珠子的游戏，但是对于聪聪来说，穿珠子可能还有一些难，因为聪聪的手指精细动作发育得没有其他小朋友那么好，所以可以先缓一缓。老师也可以带领小朋友一起种花、浇花，凡是能让孩子们感受到变化和乐趣的，就多带孩子体验和感受。

三、聪聪患上了自闭症

聪聪的状况进展速度非常慢，原来家长并没有在意老师的约谈，而是以工作忙为理由，还是放任聪聪过着之前那样生活。而且爸爸妈妈一直认为聪聪只是年纪还小，长大了自然就好了。直到聪聪爸爸带着聪聪去体检的时候，发现孩子的发育和认知都比较滞后，有轻度的自闭症。这一下，爸爸妈妈进入了焦虑期。

聪聪从体检到确诊耽误了几天没上幼儿园，聪聪妈妈把孩子送到有幼儿园的时候，聪聪哭着喊妈妈。这时妈妈的表现不是心疼，也不是安慰，而是自责和焦虑。家长这样的情绪会传染给孩子的，越是有问题的宝宝，家长越要在孩子面前表现镇定，平常对待。

第一阶段

 **梳理聪聪妈妈的情绪** 

老师要通过家长约谈的方式让妈妈知道，妈妈是聪聪认为最亲近的人，妈妈的情绪对聪聪的影响是非常大的。所以，如果想让聪聪走出自闭的症状，妈妈首先要积极阳光起来，即使是装的，也要每天给孩子最灿烂的微笑！然后妈妈需要做的就是陪聪聪一起做亲子的互动游戏。

（一）家庭教育：让聪聪说出自己的诉求

妈妈要在日常生活中鼓励聪聪多说话，不要从聪聪一个眼神、一个动作就表示“妈妈理解了”，然后自己就帮助聪聪做好了。这样的做法是完全行不通的。现在妈妈应该做的是无论从哪个方面来讲，都要鼓励聪聪把自己的需求讲出来。饿了，就说饿了；想要小便就说“有尿了”，要让聪聪快速地从无意识的单音节阶段成长为可以表达自己的基本诉求。

（二）学校教育：提升聪聪的自理能力

睡午觉的时候，老师会要求小朋友自己脱下衣服和鞋子，并整齐地摆放在小床位旁边。现在，老师会用同样的要求来要求聪聪，所以家长也要配合老师，在家里能让孩子自己动手的事情，先不要插手。虽然聪聪在做这些事情的时候很慢，但是好在孩子在幼儿园一般会比在家里更听话一些，因为他们都知道用什么样的手段“威胁”自己的爸爸妈妈，但是却知道，除了爸爸妈妈以外，这些小招数并不管用，所以宝宝的坏脾气在幼儿园一般都会有所收敛。但一个在幼儿园里有坏脾气的孩子，在家里的脾气会更糟糕。

（三）后续约谈：电话常沟通

老师要和聪聪的妈妈保持经常沟通的状态，让彼此都能了解聪聪的进展在哪里，或者有没有出现新的状况。这时候聪聪的一点点进步都要引起足够的重视，并给予鼓励。只要聪聪在行为上有进步了，就说明在情感认知和感知方面有进步了，这时候如果对聪聪进行情感交流以及情感培养，会有显著的效果。

四、总结思考

幼儿园的老师是孩子成长发育过程中的第一道检测关卡，有一些细小的情感变化在家长看来是小孩子闹脾气，但是老师要凭借自己的专业素养来判断，哪些行为是有风险性的，哪些行为说明孩子已经存在了什么隐患，并及时和家长沟通，及早干预。

幼儿的成长与家庭教育、学校教育，以及社会教育都是不可或缺的，即使幼儿园的教育会大部分弥补孩子在家庭中缺失的教育，但是那份来自爸爸妈妈的关注和关爱是老师弥补不了的。

（一）老师要用自己的专业眼光和专业素养来及早发现孩子的问题，并且要不厌其烦地和家长沟通，让家长引起足够的重视。有很多家长不喜欢别人说自己的宝宝不好，但是为了不耽误孩子的成长，老师可以借助其他的手段。比如，自闭症孩子早期的症状很多媒体都会有报道，可以借助媒体的力量让孩子的家长提高警惕，或者多关注这方面的讲座，介绍家长去听讲座。

（二）家长不是专业的幼儿教育工作者，对于怎样和孩子做正确的亲子互动没有经验，但是老师可以将自己的经验教给家长，或者介绍一些专业的书籍给家长看。不要让家长自己随便在网上看没有出处的信息，那样会耽误孩子的成长，对孩子今后的发展并没有实质性的好处。

第二节　小班家长会主题

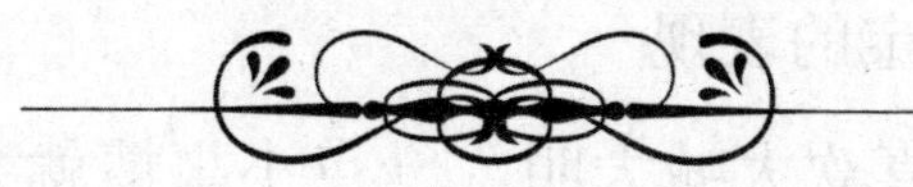

甜甜的小烦恼

甜甜是一个很任性的宝宝，在幼儿园里，老师不让小朋友讲话的时候，甜甜就一定要说话，而且还很大声，中午睡觉的时候找各种理由不午睡。对于甜甜的表现，应该是在生活中的规矩太少，所以老师要加强甜甜的规则意识。

一、家长会约谈的背景

（一）宝宝的基本概况

甜甜三岁半了，是幼儿园小班的宝宝，平时都是姑姑或者奶奶送甜甜上幼儿园。爸爸妈妈很少来，连开家长会都是奶奶或者姑姑参加的。据说甜甜的爸爸妈妈工作很忙。

（二）问题宝宝的表现

1. 甜甜非常喜欢大喊大叫，一点小事情就会不开心，然后就生气。

2. 甜甜非常不爱睡觉，午睡的时候总是在找各种各样的理由不睡觉。有时候突然说有尿了，但是实际上还尿不出来。或者不停地踢被子，再或者就偷偷地盯着老师看，只要老师不注意，就偷偷躺在床上玩。如果老师批评她，她就会立刻委屈地哭起来，最后导致其他小朋友也没办法好好睡觉。

3. 甜甜做事非常拖拉。每次老师让孩子们排队喝水或者上厕所的时候，甜甜总是趁着老师不注意，跑到活动区去玩玩具。

4. 消极的情绪会持续很长时间。每一次甜甜玩玩具没有玩够，总是不想把玩具收起来，并且大声喊：“我还没玩够呢！”而且甜甜的这种消极负面的情绪会持续很长时间。

二、家长会约谈过程

☆第一次约谈☆

【约谈对象】

甜甜的奶奶

【约谈内容】

甜甜的奶奶说了一下甜甜家中的具体情况。甜甜的姑姑结婚后，姑父长期出差，所以姑姑大多数的时间都是住在甜甜家中的，家里每天都有奶奶和姑姑陪着玩。爸爸妈妈下班回家后，也都比较宠着甜甜。甜甜在家里也比较任性，但是由于哄着的人比较多，所以一般情况下还是比较好哄的，比如甜甜生奶奶的气了，就会有姑姑来安慰。甜甜生姑姑的气，就会有妈妈来哄甜甜。但是在这个过程中，大家从来没有和甜甜强调过矛盾的形成应该怪谁，所以甜甜一直都认为什么事情都是别人的错，从来不会在自己身上找原因。这也是为什么甜甜的负面情绪会比较多的原因。

甜甜家中人多，每个人都以甜甜为中心，所以甜甜习惯了被追捧的感觉，一旦自己不是视觉的中心，就会觉得委屈。老师觉得甜甜缺乏挫折训练，但是现在最关键的是让甜甜能够有集体的意识，能够遵从规则。这是甜甜融入集体的第一步。

【约谈之后的后续工作】

在了解了甜甜家中的基本情况以后，老师决定根据甜甜的情况制定教学干预方案。

（1）在幼儿园，每一天都要注意用提醒、鼓励和表扬的方式，帮助甜甜养成倾听的习惯，不要打断别人的话。

（2）督促甜甜做事情要快一些。

（3）在午睡的时候，要求先小便，然后躺在床上把眼睛闭好，必要的时候可以由老师陪在甜甜身边睡。

甜甜午睡入睡困难的情况很快就有了改善，因为小朋友玩了一上午本来就很困，甜甜平时只不过是在强迫自己不睡觉而已。现在甜甜明白了，早点睡觉就能早点起来玩游戏这个道理，所以很快就接受了午睡这件事。但是打断别人说话这个毛病，甜甜大概用了两周的时间才有明显的改变。不过甜甜依然接受不了别人的批评，做事情还是很拖沓。甜甜做事情拖沓并不是天生慢性子，而是甜甜的注意力不集中，她的精力不放在一件事情上面，所以显得非常散漫。

☆第二次约谈☆

【约谈对象】

甜甜的妈妈

【约谈内容】

经过了解之后，老师知道了甜甜平时在家里的脾气很大，经常会觉得自己受委屈了，妈妈偶尔会劝甜甜，但是往往都需要劝说好久才有效果。而当妈妈比较累的时候，就没有那么多的精力去劝说甜甜，也就迁就了甜甜。

根据这一点，老师给出的意见是，当甜甜苦恼的时候，先让甜甜哭一会冷静一下。当甜甜稍微冷静了之后，不要再和甜甜继续说这个哭闹的话题，而是用其他的事情来转移甜甜的注意力。比如说，当甜甜哭闹着要吃巧克力或者雪糕的时候，妈妈可以带着甜甜玩超轻黏土、画画，或者找一集甜甜喜欢的卡通片，以此为条件作为交换。当甜甜的注意力被转移了之后，短时间内不要提及和吃巧克力或雪糕相关联的话题，让甜甜先将这种迫切的需求淡化一些。

对于甜甜做事精神不集中，也不太能听劝这一点，老师想要了解甜甜平时有没有特别崇拜或者喜欢的卡通形象。甜甜的妈妈

说甜甜特别喜欢《西游记》，无论是《西游记》的绘本、《西游记》的电视剧、卡通片，还是《西游记》的儿童评书，甜甜都爱不释手。甜甜最喜欢的就是孙悟空的形象，家里有好多金箍棒的玩具。

根据甜甜妈妈说的这一点，老师决定制定一个新的教学计划。

【约谈之后的后续工作】

根据甜甜妈妈说的情况，老师决定用孙悟空的形象为切入点，让甜甜改掉做事拖沓的坏习惯。

老师：甜甜，你是不是特别喜欢孙悟空啊？

甜甜：不是！我就是孙悟空！

老师：那甜甜都有什么本领啊？

甜甜：俺老孙有七十二般变化，我的筋斗云一个跟斗能翻出十万八千里，我的火眼金睛在早上刚睁开眼睛的时候，10 里开外蜻蜓扇动翅膀我都能看得一清二楚！

老师很意外，原来甜甜的记忆力这么好，将《西游记》中的经典桥段都能背得清清楚楚，信手拈来。

老师：那，悟空，为师可要考考你了，如果做不到，为师可要念紧箍咒了。

甜甜：哈哈哈哈，师傅，你是我师傅！尽管考我吧，我有金箍棒，我怕谁！

老师：好啊，悟空，那么为师就有一个要求，既然你有筋斗云，一个跟头能翻出十万八千里，你的速度这么快，那排队喝水的时候，你可一定不能太慢啊！排队的速度一定要快！

甜甜：那是当然，谁能有俺老孙快！

这个办法果然很凑效，而且经过老师的了解发现，甜甜之所以入睡困难，是因为在家里养成了一个习惯，那就是甜甜喜欢听睡前故事，而睡前故事都是听《西游记》的故事，剧情太过精彩，以至于甜甜听完故事之后很久都不能平静。所以老师建议甜甜的妈妈，在甜甜吃完晚饭的时候听故事，条件就是睡觉的时候不能听。可以给甜甜买一个孙悟空的玩偶，让甜甜睡觉的时候抱着，这样对于甜甜来说也是一种心理上的补偿。

后来老师了解到甜甜的真实想法，很多时候甜甜都在一个人玩玩具，或者精神不集中，其实甜甜是在心里想着《西游记》的故事呢。所以甜甜的心不在焉其实是入戏太深。对于甜甜《西游记》“上瘾”的现象，老师建议甜甜的妈妈在家里减少《西游记》播放的频次，可以用其他更柔和一些的卡通片来缓冲一下。

任何一部经典的著作都会对孩子产生深远的影响，但是如果孩子已经有些痴迷了，就要稍微缓和一下，因为孩子对有些剧情还无法分辨真实和虚幻，所以甜甜妈妈可以等甜甜稍微大一些，再让甜甜深入阅读《西游记》，要让甜甜有一些鉴别的能力。

三、总结反思

每一个宝宝都是不同的个体，对于宝宝的情绪管控，要因人而异。每一个问题宝宝自己都在被坏情绪困扰着，宝宝自己并不知道改，怎样排解自己的困扰，而且语言表达能力有限。最关键的是宝宝是不觉得自己有问题的。所以在疏导宝宝情绪的时候一

定要找准切入点。

每一个宝宝都有自己喜欢的东西，有的宝宝特别依赖自己的一条小毯子，有的宝宝特别依赖某种花纹的衣服，有的宝宝特别依赖书籍、游戏，有的宝宝特别依赖卡通片。无论是哪一种依赖，都是需要家长和老师及时介入帮助宝宝疏导的，及时转移宝宝的注意力，分散一下宝宝的精力，这样对宝宝情绪的管控更加有帮助。

通过甜甜的案例我们还发现，榜样的力量的确很强大。甜甜一直以孙悟空为精神力量的支柱，所以只要找到甜甜的兴趣点，就能瞬间拉近宝宝和老师之间的距离。幼儿园的老师不仅仅要关注宝宝的成长，还要关注宝宝的心理健康和情感发展，有时候老师是宝宝与家长之间沟通时最好的翻译，因为老师更了解幼儿的心理，能从旁观者的角度来客观评价一个宝宝的行为。希望通过这个案例能给大家一个启发：问题宝宝更需要我们的关爱。

第三节　中班家长会主题

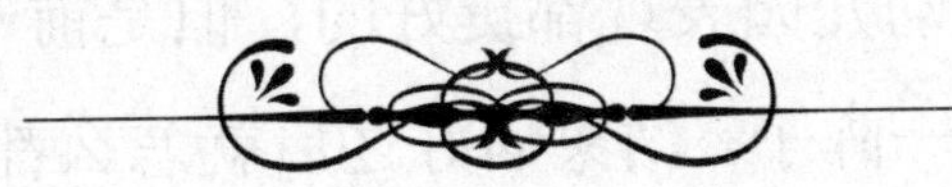

孩子突然不想上幼儿园

幼儿的情绪经常会受到生活中的一点小事件的影响，从而有很大的波动。老师需要从幼儿的情绪波动中，深挖幼儿情绪波动的原因。如果一个已经适应了幼儿园生活的宝宝突然不想来上幼儿园了，而且情绪非常抵触，一定不能强硬地让宝宝来上幼儿园。要找到孩子心中的结，解开了，宝宝的心里就舒畅了。

一、家长会约谈背景

1. 宝宝的基本概况

可可4岁了，幼儿园中班，每隔一段时间，就会有一次情绪的波动，但是情绪好了之后在幼儿园里的表现又特别乖。

2. 问题宝宝的表现

可可平时在幼儿园表现都挺好的，但是前一阵子生病了，请假在家里休息了一阵子，结果病好之后就怎么都不肯来幼儿园了，一到幼儿园门口就开始哭闹。可可的爸爸一开始会劝可可，但是说了很多道理可可都不听，就是要回家。到最后，可可的爸爸就会将可可带回家。

3. 分析原因

孩子生病之后不爱上幼儿园，通常是因为在生病的期间，家人都比较关注宝宝，也比较溺爱，但是一旦宝宝病情好了之后，家人的态度又恢复到之前的样子，可能对宝宝的要求过于严厉，让宝宝心里有很大的落差，这些是宝宝一时之间接受不了的。而宝宝接受不了自己突然受到冷落，就会想尽办法博取家长的注意力，最常用的方式就是哭闹。

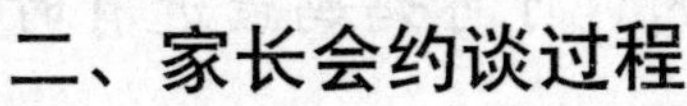

二、家长会约谈过程

◇第一次约谈◇

【约谈对象】

可可爸爸

【约谈内容】

通过和可可爸爸的谈话，老师了解到，可可平时身体弱，常生病，尤其是哭闹时间长了，嗓子就会发炎。所以家里人的做法通常就是只要可可不哭，基本上什么事情都会顺着可可。可可妈妈最近工作特别忙，连续加班一个月了，经常晚上回来特别晚，可可想妈妈，晚上不睡觉。但是这几天，可可妈妈手头的工作告了一个段落，所以有几天休假的时间。可可生病期间都是妈妈在照顾，这几天可可妈妈也在家，所以可可会哭闹着不想上幼儿园，就是想和妈妈多待一会。

可可爸爸觉得孩子经常见不到妈妈非常可怜，本就不赞同让孩子这几天来上幼儿园。早上送孩子上幼儿园，只不过是做个样子给可可妈妈看一下而已。

老师首先对可可爸爸的想法给予了肯定，然后再给出自己的建议。

可可爸爸，在孩子的幼儿时期，妈妈的陪伴对孩子来说确实

是特别重要。像可可这样几乎一个月没有见到妈妈的孩子，突然有了妈妈的陪伴，肯定是不舍得离开的。可可妈妈最近有时间在家，可以让可可早上正常来上幼儿园，下午的时候让妈妈早一点接可可回家。这样一来可以不打乱可可正常上幼儿园的规律，二来也能让她和妈妈多多相处。

要知道孩子适应了幼儿园的生活之后，一旦这种规律被打破，那么再让孩子适应，孩子心理会再一次受波动。我们的建议都是为了孩子好。如果您不放心孩子在幼儿园的情绪，可以在监控录像那里多看一会。其实可可非常乖，在幼儿园里的表现一直都是非常棒的，自理能力非常强，还会主动帮助有困难的小朋友，大家都非常喜欢可可。只不过在幼儿园门口，孩子是在用哭闹来威胁爸爸，通常只要家长离开了，宝宝立刻就融入集体了。

可可爸爸接受了老师的意见，让可可每天早上正常上幼儿园，下午让妈妈提前一会将可可接回家。

接下来就是对可可的心理疏导。

老师：可可，老师听说这几天妈妈会来接你回家啊，可可真幸福啊！

可可：可是可可不开心，可可想和妈妈在一起。

老师：可可你知道吗？可可现在是中班的姐姐了，要给小班的弟弟妹妹们做榜样的。上幼儿园是来学知识的。如果可可学不到知识，那么以后弟弟妹妹都知道的事情，可可却不知道，可可怎么能给弟弟妹妹做榜样呢？可可一直以来都表现得那么好，我们要坚持住啊，否则就成不了榜样了哦！

可可：可可还是想妈妈啊！

老师：那可可都不想幼儿园的小伙伴吗？

可可：可可也想幼儿园的小伙伴，可可希望妈妈能陪着可可一起来上幼儿园。

老师：哎呦，那怎么办呢，幼儿园里只接收幼儿啊，妈妈是大人了，中午午睡的小床都睡不下妈妈的，那样妈妈得多难受啊。

可可：那怎么办呢？

老师：要不这样吧，可可明天让妈妈送你上幼儿园，然后让妈妈就站在监控录像那里看着可可。要知道，只要妈妈站在那里，可可所有的表现妈妈都能看见的，你说神奇不神奇？

可可：我也想看看。

老师：走，老师现在带你去看看监控，看看是不是能看见我们班里所有的宝宝。

现在可可看到了监控录像里的小伙伴们，她就不再纠结是不是要回家找妈妈了。现在可可早上乖乖上幼儿园，下午高高兴兴和妈妈一起回家。

三、可可的状态又反复了

可可刚刚乖乖上幼儿园没几天，突然又开始苦恼了。原来妈妈的假期结束了，早早就去上班了，可可早上起来睁开眼，发现妈妈根本不在，情绪就崩溃了，哭着喊着要找妈妈。可可爸爸好不容易哄她送到幼儿园来，结果可可竟然抱住爸爸的腿怎么都不松手，哭着求爸爸去把妈妈找回来。可可爸爸没有办法，想把可

可带回家让奶奶照顾，老师及时制止了可可爸爸。

老师：可可，你现在回家也看不见妈妈啊，但是老师有办法让妈妈看见可可。

可可：什么办法啊?

老师：老师把可可上幼儿园的精彩表现通过小视频发给妈妈啊，这样妈妈无论什么时候都能看见可可了。妈妈在工作不忙的时候，还能和可可说话呢！

可可想了想说：那老师要把可可录得漂亮一些。

老师：当然了，一会老师给可可扎小辫子，打扮得像一个小公主一样，让妈妈一看见就说，我们宝贝怎么这么可爱啊！好不好?

可可：好！

◇第二次约谈◇

【约谈对象】

可可爸爸

【约谈内容】

通过几次观察，老师发现可可爸爸对于处理可可的脾气既没有办法，也没有原则，只要可可不哭，怎么样都可以。这样无条件地纵容可可，才会让可可有一点情绪就大哭大闹。老师非常严肃地和可可爸爸商量，在接下来的时间里，要大家一起努力，家里和幼儿园里对待可可的态度要一致。如果家长对待可可上幼儿园这件事情的态度一直反复，那么可可就会觉得上幼儿园这件事情是可以商量的，才会想着用哭闹的方式来“威胁”家长不想上幼儿园。

其实宝宝在离开家长适应幼儿园的生活之后，通常都会很开心地和小朋友们一起玩，只是家长的过度担心，才会觉得孩子是不是没有适应幼儿园的生活。一般来讲，孩子只需要一个月的时间就可以完全适应集体的生活了。但是一旦家长的态度不断反复，就会让孩子反复适应幼儿园的生活。同时，家长在对待孩子上幼儿园这件事情不要过分焦虑，不要在孩子面前讨论上幼儿园的事情，不要让孩子感觉到这是一个被爸爸妈妈非常关注的事情。家长的表现一定是要让孩子感觉到，孩子上幼儿园和爸爸妈妈上班一样，都是人生中必须有的经历。

【约谈之后的后续工作】

这一次约谈可可爸爸的效果很好，可可爸爸已经决定尝试着用老师的方法来处理可可的坏情绪，用冷处理的方式对待可可的哭闹。经过一周的时间，可可就已经改变了自己的做法。对于可可上幼儿园的积极性，还是需要大家一起来调动。所以老师决定根据可可的情绪化现象，制定一个教学计划，在可可爸爸妈妈的帮助下共同完成。

老师为可可制定了“幼儿园积分卡”，只要可可上一天幼儿

园，就可以获得一张积分卡，5张积分卡，就可以获得一张小贴画；10张积分卡，可以获得一个小玩具车；15张积分卡，可以获得一个小玩偶；20张积分卡，可以获得一个布娃娃。当然，这些礼物的设置，家长可以和可可一起商量着来定。这样的方式可以充分调动起可可的积极性。而可可平时在家里的表现，也要计入考核。如果可可这一天乖乖上幼儿园了，但是在家里表现却不乖，那么可可就不能获得一张完整的积分卡了，会得到一张有残缺的积分卡。

自从这个“积分制”施行以来，可可每天上幼儿园都特别积极。因为她自己有了小目标，只要连续上幼儿园，不哭不闹，就会有自己非常喜欢的礼物！

四、总结反思

每一个孩子的成长过程都是在和家长老师“斗智斗勇”的过程，孩子的每一次哭闹，都包含着试探的意味，孩子就是用自己的方式来试探家长的底线。在这个过程中，如果家长没有经受住孩子的试探，就会不断降低自己的要求，孩子则会在这个过程中学会“威胁”家长的手段。

很多孩子都是在家中和在幼儿园中是两种表现，在幼儿园里很乖，自理能力也很强，能够按照集体生活的原则来要求自己。但是一旦回到家中，就变得吃饭需要妈妈喂，穿衣服需要妈妈帮忙，自己什么事情都不愿意做，就是想让妈妈抱着，甚至出去玩的时候也不想自己走路，一直赖着爸爸妈妈。在商场里看见自己喜欢的玩具也一定要买，否则就哭闹不停。所有这些不听话的表现，都是孩子试探的手段。

当孩子用哭闹来试探家长的时候，家长需要做的就是先对孩子的情绪进行冷处理，不要怕孩子哭。当孩子意识到自己哭闹并没有意义的时候，就会冷静下来，接下来家长再用其他事情转移孩子的注意力。

在驾驭孩子的过程中，一定要做到家园共育，也就是说家庭教育和幼儿园的教育原则要保持一致。老师在和家长的沟通过程中，通常都会选择顺着家长的想法来沟通，因为这样才能让家长卸下心防。但是一旦涉及教育孩子的原则性问题，老师还是需要坚持自己的看法。因为我们有一个共同的目的，那就是让孩子健康地成长。

第四节　大班家长会主题

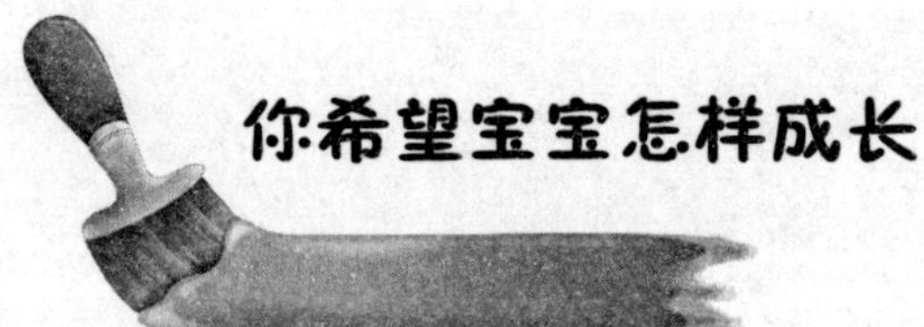

你希望宝宝怎样成长

幼儿园大班的宝宝，即将升入小学了，这个时期的宝宝都非常以自我为中心。老师在教育这个年龄的宝宝的时候，也更加注重宝宝个性的培养。同时，也要多和家长沟通，要了解家长对孩子的诉求是什么。

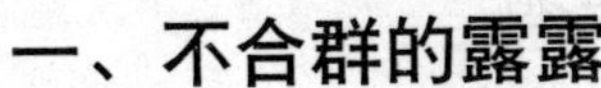

一、不合群的露露

露露是一个很爱告状的宝宝，同时也从来都不谦让其他的小朋友，渐渐地，小朋友们都有些疏远露露。

1. 问题宝宝的表现

☆案例一☆

一次晨间活动中，小朋友都在搭积木，露露只是一个人默默地坐着。

这时，欢欢走到了她的旁边，而露露一把推开了欢欢，原来她不愿小朋友接近自己。

之后又有好几次，只要小朋友接近她，露露就会推他们。原来，露露是不想和小朋友分享自己的玩具。

渐渐地，小朋友们开始疏远露露。因为这个年纪的小朋友开始会有意识地和自己最亲近的小朋友玩，也就是说喜欢有一些“小团体”，说一些小秘密。而很显然，露露被排挤了。

☆案例二☆

下午，孩子在自由活动的时候，露露也不看小朋友玩，只静静地坐在自己的位置上，于是老师走过去：“露露跟小朋友一起去玩呀。”

她摇摇头。

“你看小朋友玩得多开心呀，你也去吧！”老师继续努力劝

说露露。

可露露还是不愿意和其他小朋友一起玩。

“来，跟老师一起过去玩。”老师拉着露露想让露露进入活动，可还没走几步，露露就哭起来，嘴里说：“我不要玩，我不要玩。”

2. 分析原因

大班的孩子不合群是因为太以自我为中心。这个时期的孩子已经逐渐出现一些社会化的交流模式，在人际交往的过程中也有着自己明显的喜好。如果露露一直这样不合群，对于她今后的发展和成长都是不利的。很多家长觉得只要孩子开心就好，但是从露露在幼儿园的表现来看，露露并不开心。

二、家长会约谈过程

◇第一次约谈◇

【约谈对象】

露露小班和中班的老师

【约谈内容】

通过对露露小班和中班老师的探讨，发现露露一直以来都比较孤僻，但是之前小朋友们都还小，所以不会明显地去孤立露露。即使有时候露露发脾气打哭了其他小朋友，但是那时候的宝宝还没能对“她打我”和“我不理她”之间有一个逻辑上的关联，所以不会有明显的排斥反应。但是大班的宝宝，快六岁了，情感发

育越来越成熟了，所以才会有意识疏远露露。

只不过那时候的露露也还没有这么以自我为中心，随着年龄的增长，露露的表现越来越明显了。

经过对露露之前在幼儿园的表现的了解，老师决定约谈露露的家长，看一看露露在家中的表现都是怎样的。

◇第二次约谈◇

【约谈对象】

露露妈妈

【约谈内容】

通过和露露妈妈的交流，老师了解到露露从小是由奶奶带大的，爸爸妈妈虽然也在身边，但工作较忙，平时不太管教孩子，也很少能有时间陪伴露露。露露特别依赖奶奶。露露妈妈有一次带着露露去洗澡，可露露只待了一会儿，就吵着要奶奶，不愿再与妈妈一起玩了。露露还常常在家里说："我最喜欢奶奶，爸爸、妈妈我不要，我不喜欢。"虽然露露妈妈给她买新衣服，买各种吃的东西，但露露还是只喜欢与奶奶亲。她小小的心灵里只容纳了奶奶一个。

露露奶奶经常对露露说："如果在幼儿园里有谁欺负你了，一定要打反击，是你的东西谁都不能抢！"

露露奶奶带着露露出去玩的时候，一旦和其他小朋友起了冲

突，奶奶都会在第一时间里维护露露。所以露露一直都认为，一旦有了冲突，一定是其他小朋友的错。

幼儿园工作的主要任务就是在保证幼儿安全的前提下促进幼儿身心全面发展。老师必须在重视幼儿身体健康的同时，高度重视幼儿的心理健康。孩子的心理方面出现偏差，如不注意教育，将会给孩子的未来造成不良影响。露露在园孤独、不合群，正是由于过分依恋奶奶才造成现在这种状况。同时，奶奶错误的教育方式也让露露有了很多错误的观念。这个时候如果不加以干预，会影响孩子整个人生观和价值观的形成。

老师希望露露妈妈能够及时调整孩子的观念，如果孩子现在想法自私狭隘，对孩子今后的发展是非常不利的。而露露妈妈表示，奶奶的个性就是这样，凡事都在别人身上找原因，所以露露妈妈也很少和奶奶交流，因为露露妈妈不想因为孩子的事情和露露奶奶发生冲突。但露露妈妈表示，回去之后会多多劝劝露露，让露露改变一下对待小朋友的方法。

【约谈之后的后续工作】

因为露露妈妈并不能制止露露奶奶对孩子灌输的想法，所以老师要在幼儿园里加强对孩子认知的干预。

老师：露露，你为什么不去和其他小朋友一起玩啊？

露露：他们都不喜欢我，我也不喜欢他们！他们都是坏人！

老师：露露可能是误会小朋友了，大家都悄悄地说很喜欢露露，可是露露每次都太凶了，所以小朋友们不敢和露露玩。我觉得，

只要露露能微笑一下，一定是最可爱的小公主。

露露听了老师的话之后没有出声。但是这些话露露是听进去了。每一个孩子都是有小小虚荣心，每一个孩子都希望得到大家的关注。只有在得不到的时候才会说自己根本不想要。这就是很典型的酸葡萄心理。

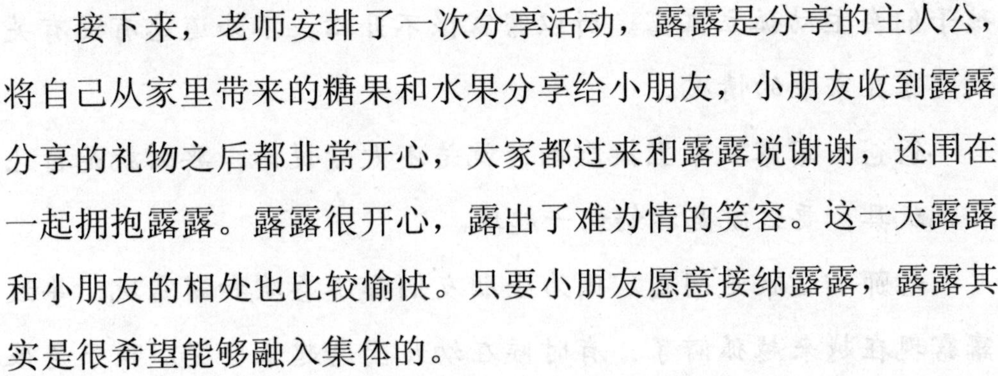

接下来，老师安排了一次分享活动，露露是分享的主人公，将自己从家里带来的糖果和水果分享给小朋友，小朋友收到露露分享的礼物之后都非常开心，大家都过来和露露说谢谢，还围在一起拥抱露露。露露很开心，露出了难为情的笑容。这一天露露和小朋友的相处也比较愉快。只要小朋友愿意接纳露露，露露其实是很希望能够融入集体的。

◇第三次约谈◇

【约谈对象】

露露爸爸

【约谈内容】

由于露露妈妈不想和露露奶奶有冲突，老师非常理解露露妈妈的想法，自古以来婆媳关系就很难处理，所以露露妈妈选择隐忍，让这个家更和谐。老师很佩服露露妈妈的勇气，但是教育孩子是需要一家人来一起进行的，所以露露爸爸的角色是不可以有缺失的。

老师：您知道露露在幼儿园中的表现吗？

爸爸：不太清楚，好像没什么事情吧？露露在幼儿园发生什么事情了吗？

老师：是这样的，露露在幼儿园的表现一直都很孤僻，和小朋友玩的时候经常打哭其他小朋友。现在孩子都渐渐大了，所以孩子们会主动孤立露露。所以露露很不开心。不知道您有没有关注露露在家中的情况。

爸爸：露露在家里挺乖的，就是不太爱说话，要么就是自己在玩玩具，要么就是和奶奶一起玩。

老师：这就是问题。因为小朋友们都不喜欢和露露玩，导致露露现在越来越孤僻了，有时候在幼儿园急起来会哭。孩子是很渴望有朋友的，前两天露露妈妈给露露带来了分享的水果和糖果，小朋友们都感谢露露，主动过来和露露玩，那一天是露露笑得最开心的一天。

爸爸：那是不是孩子本身性格内向啊？

老师：不知道你有没有观察过孩子和其他小朋友是怎么相处的。露露非常不喜欢分享，只要有小朋友主动去找她玩，露露就会觉得这个小朋友要过来抢她的玩具，本能反应就是将小朋友推开，有时候还会打人。

爸爸：啊，这可能也和露露奶奶平时的教育有关系。露露奶奶怕露露被欺负，所以总让露露先动手。

老师：可是露露现在已经上幼儿园大班了，现在这么大的孩子都开始有自己的小伙伴小团体了，可是露露一个朋友都没有。

作为一个旁观者来看，我觉得露露很可怜，也很委屈。她甚至不知道自己做错了什么，因为在她的观念里，她做的一切都是对的。

爸爸：那我现在应该怎么办呢？

老师：我希望您能和露露奶奶好好谈一下露露的教育问题，现在改正还不算晚，不要等到孩子的性格已经完全定型了才要求孩子改正啊。

爸爸：那行，我回去和我妈妈说一说。

老师：希望您能好好劝劝阿姨，露露妈妈平时很感激老人帮忙照顾孩子，所以不想让老人伤心。所以我今天才约了您。您也放心，平时露露在幼儿园的生活我们会格外照顾一些，但是家庭和幼儿园的观念必须是一致的，否则如果一件事情一直给露露两种解决方案，孩子会不知道什么才是正确的价值观。

爸爸：好的，老师，您说的我都明白，回去我认真地和老太太谈一下。

【约谈之后的后续工作】

露露的爸爸回去之后真的和露露奶奶谈了，露露奶奶很不开心，但是为了露露好，老人也暂时稍微改变了一下自己的做法。与此同时，老师在幼儿园还是要加强对露露的心理疏导，让露露尽快回归集体。在家长和老师共同的努力之下，露露最后融入到这个集体中来。但是露露还是比其他小朋友敏感，这仍然需要一段很长时间来改变她的下意识的想法。

三、总结反思

现代心理学家说：性格决定命运。一个从小就不合群，不会交往的孩子很难相信会有一个美好的未来，幼儿园老师作为孩子的启蒙老师更要注重孩子的个性教育。幼儿阶段是培养孩子良好心理的关键时期。每个幼儿园或多或少有着不合群、很孤独的孩子，对这样的孩子，教师更要多一份耐心，要用积极的态度去应对，因为良好性格的形成不是一朝一夕的事。

老师在处理这样案例的时候，往往由于孩子的不配合、家长的不作为让老师感到很气馁，但是这样的孩子本身就需要更多的关注，如果老师放弃，无疑就是毁了孩子的一生。当我们发现问题出现在萌芽阶段时，就要将这种萌芽扼杀在摇篮中，不要让孩子的状况继续恶化下去。孩子的内心都是纯净的，相信一群爱的天使终究能让一个渴望爱却不懂得如何表达的孩子重新回归集体。

以露露的案例处理方式为例：

（一）老师要有意识地多与露露交流

在课余时间，到露露的身边，问问露露自己的一些有兴趣的事情，或者在吃过饭的时候问问露露喜不喜欢今天的饭菜啊？中午睡觉有没有做梦啊？在交谈中运用亲切的语气和露露说话，并利用一些辅助性的举动来加强幼儿的亲切感，如拍拍她的小手、摸摸她的头等，让露露感到老师也是喜欢她的，让她感到老师的关爱，慢慢地学会愿意与老师交谈。

（二）多鼓励、多表扬

充分使用鼓励和表扬来促进她与其他小朋友的交往。如发现她与一个小朋友说话了，就马上表扬，让她意识到与小朋友交往是一件快乐的事情。同时在班里有意识地鼓励她，表扬她，如，露露学会了自己吃饭，露露学会了自己穿鞋子等，发现孩子的闪光点及时表扬她，让她在孩子面前树立起自信心，培养她主动与同伴交往的欲望。

（三）家园携手

让家长认识到孤僻、不合群会影响孩子的心理健康，必须引起重视；建议家长在家多陪孩子玩并与孩子多亲近，让露露学会与人交往，让孩子知道怎样和小朋友相处。

（四）建立班级微信群

想要让家长及时关注到孩子的动态，就要将所有家长聚到一起。家长一般上班都很忙，所以要想正式地开一个家长会，需要提前很长时间就通知的，即使如此，仍然会有个别家长因临时有事不能参加。而建立一个微信群，老师就可以随时和家长沟通了，有什么问题也可以在一起来讨论。

平时老师拍照记录下来的孩子在幼儿园的精彩瞬间，都可以上传到微信群中让家长们看一下，这样家长对孩子在幼儿园的表现能够更加直观地了解，也可以对比孩子在家中的表现，看看有哪些方面可以注意。

但是交流的便利，让很多老师和家长都忘记了这个微信交流群的真正意义是什么，于是一些不太遵守规则的家长也让老师和其他家长很头疼。所以建立微信群很简单，但是如何正确管理才是关键。

1. 及时安抚焦虑的家长

很多家长只要一会没看见孩子在幼儿园的照片，就会焦虑。“儿子第一次上幼儿园，好想看他在园里的直播”“孩子第一次离开家人一整天，不知道他在学校有没有哭闹……”这些心情是许多新生家长的共同体验。为了让家长减少担心，许多小学、幼儿园开通了家长微信群以便互相交流。不过，在便利之余，一些微信群每天动辄几百条的信息，给家长的日常生活带来了很多不便，以至于很多家长会屏蔽交流群，这样，在老师发布重要通知的时候就会有很多家长看不见。

所以老师要事先说好发孩子照片的时间段，让家长不要随意在这里刷屏。

2. 跟风点赞，让交流群变成了表情包

青青妈前几天在班级群发了一条微信，说孩子回家唱了一首在学校学的英文歌，真是太惊喜了，感谢老师。老师回了一个大拇指后，就引发了一波集体点赞高潮，“我们三班的孩子都好棒啊”“老师好辛苦啊”“孩子回来后，总说今天又学了很多的新知识”……对于这样的现象，老师最好不要说话，这样家长就会逐渐停止跟风的点赞，等事件冷却之后，再重新强调群规则。

3. 别把班群变成曝光台

“今天班上同学吃中餐，××× 同学倒了饭菜，其他人全部吃完了”“××× 上课和同桌说小话。”对于这样的负面情况，老师可以私下将孩子的情况通报给家长，而不要在群里公开点名批

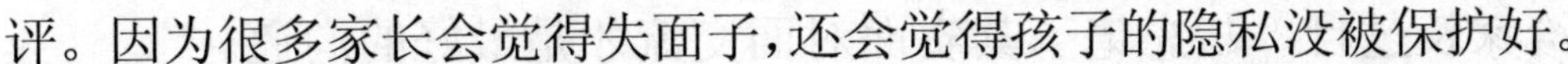

评。因为很多家长会觉得失面子，还会觉得孩子的隐私没被保护好。

4. 争取制定群规则，让班级交流群更加有序

（1）明确群功能

亲爱的各位家长朋友，这个交流群是为了让老师和家长可以及时沟通，也为了避免一些小事就把大家召集到幼儿园开家长会的麻烦。所以现在组建这个班级交流群，主要是为了及时通知家长一些重要的消息，并每天向家长展示孩子的幼儿园生活。为了不打扰大家的正常生活，这个群里不点赞、不刷屏，有重要通知的时候，看到通知请回复“收到”，没有回复的，老师会单独私下沟通。”

（2）进入交流群，请做好如下心理准备

①做好自我调节，相信孩子的适应能力。老师会关注到每一个孩子的情绪，所以请大家不要着急。

②良性沟通，形成良好的群聊氛围。

③理性对待班级群，避免盲目点赞。

④晚上尽量不要在群里聊得太晚，以免影响他人休息，有重要事情可以跟老师直接联系。

（3）老师尽量不在交流群中这样做

①在班级群中点名批评孩子、公布成绩、排名等信息，这样会伤害孩子自尊心，也会让家长不舒服。

②每次只发布优等生或表现优异的学生的照片，使得有些家长永远也看不到自己孩子的照片出现在班级群中。

③过度依赖班级群，学生日常的一举一动都要发布到班群中

给家长过目，却忘记了其实面对面交流才是最好的沟通。

④在班群中“募捐”，小到学生的学习用品，大到奖品、演出的服装道具……

⑤不经考证随意转发网上信息，造成家长不必要的担心。

⑥“发号施令”式的说话方式，向家长交代完后就撒手不管了。

（4）在班级群中与家长沟通的注意事项

很多家长不放心孩子在幼儿园的情况，有些家长会过度关心，对这样的情况，老师要有如下的心理准备：

①如果个别学生有问题可单独与家长沟通，普遍问题可以在班群中与家长交流。

②在班群中晒照片要注意公平看待每一名学生，多表扬，少批评。

③试着在每一条通知后加上“不用回复”几个字或类似的话语；如需要回复，就注明“收到请回复”，可以避免大量不必要的信息骚扰。

④注意说话方式，传播积极正能量。

⑤做班级群中的引导者，对于一些不适合在班级群里发的内容，要学会婉言提醒。

互联网时代，班级群的确是加强家园沟通的重要渠道，老师应该不断加强自身的新媒体素养，家长们也应有独立的思考和判断，把握分寸。

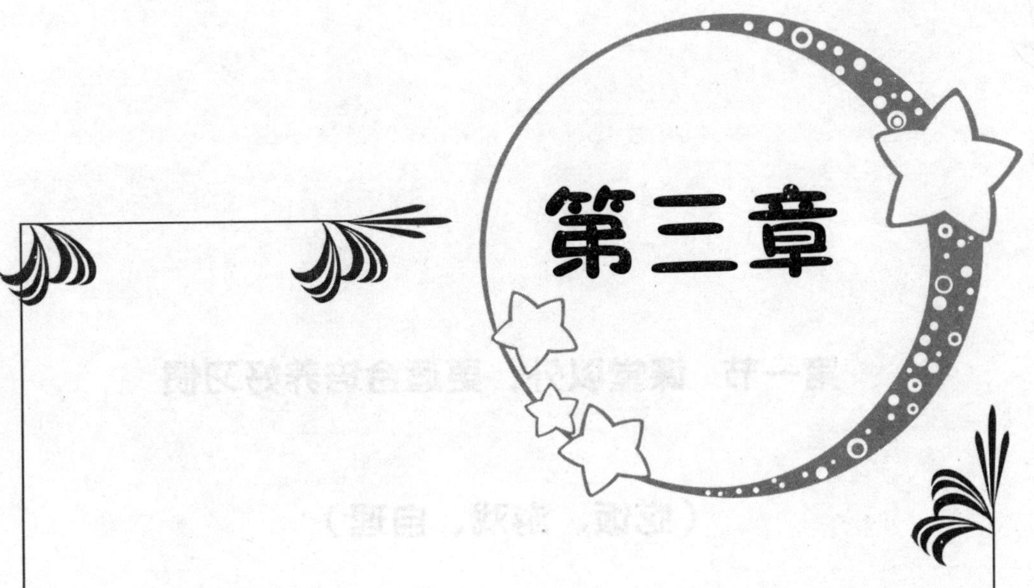

第三章

教学氛围 保教和谐孩子更健康

第一节　课堂以外，更适合培养好习惯

（吃饭、游戏、自理）

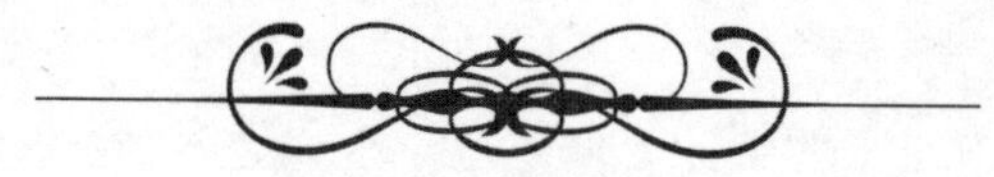

课堂是培养孩子知识素养的地方，而课堂以外，才是培养孩子良好行为习惯的地方。老师要更加注重孩子在课堂以外的行为方式。

一、孩子的就餐习惯比饭量更重要

很多孩子在家里吃饭就像玩游戏一样，总是喜欢家长追着吃才行。到了幼儿园，虽然老师不会追着孩子喂饭，但是孩子一旦离开大人的帮助，就开始边吃边玩，或者将自己不爱吃的菜直接倒掉。还有的孩子喜欢在饭前吃零食，这些坏习惯会影响孩子的成长和发育，同时还会导致孩子在今后的学习生活中注意力不集中等。

一个孩子良好的饮食习惯应该是：不厌食、不吃夜食、不爱吃零食、不偏食、按时进食、专注进食和自己吃食。孩子的好习惯要靠培养才能养成，那么孩子专注吃饭的好习惯怎样培养呢？

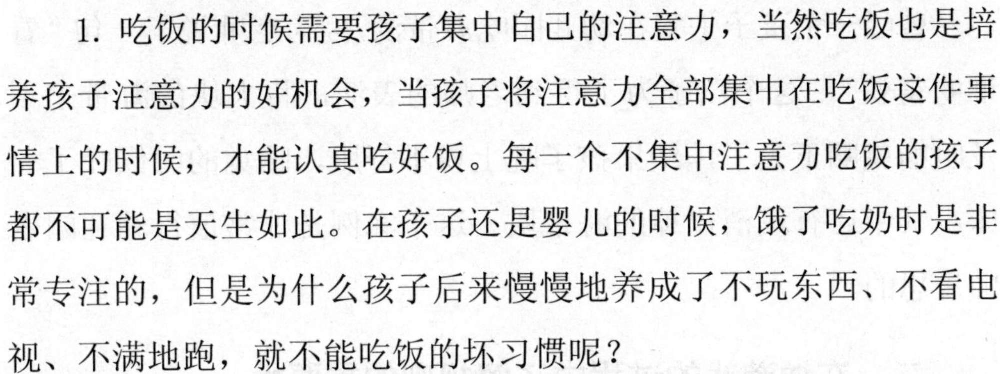

1. 吃饭的时候需要孩子集中自己的注意力，当然吃饭也是培养孩子注意力的好机会，当孩子将注意力全部集中在吃饭这件事情上的时候，才能认真吃好饭。每一个不集中注意力吃饭的孩子都不可能是天生如此。在孩子还是婴儿的时候，饿了吃奶时是非常专注的，但是为什么孩子后来慢慢地养成了不玩东西、不看电视、不满地跑，就不能吃饭的坏习惯呢？

任何一个习惯的形成，都有一个学习、模仿和坚持的过程。培养孩子专注吃饭也是如此。在培养孩子专注吃饭的过程中，除了孩子进餐环境和成人进餐行为对孩子的影响之外，还有一点极为重要，这就是家长必须在孩子想自己动手吃饭的发育关键期，放弃喂饭的权利，让孩子自己独立进食。只有让孩子自己吃饭，孩子才能最终形成专注吃饭的好习惯。

幼儿园托儿班就开始锻炼孩子自己进食的能力了，这时候老师应该要求家长配合幼儿园的学习和工作，即使回到家中，也要相信孩子自己吃饭的能力，不要担心孩子会将衣服弄脏，要知道此时的孩子刚刚学会了一项新的技能，自己吃饭是一件很有成就感的事情，家长要予以鼓励。

2. 在幼儿园，很多老师喜欢让孩子比赛看谁吃得快，但是这

并不是一个好的现象，很多幼儿为了迎合老师，基本上都没怎么咀嚼就咽下去了，这样会对孩子的消化系统造成很大的负担。老师要正确下达指令，才会让孩子形成好的用餐习惯。比如，在吃饭的时候说，看谁吃饭最专注、看谁吃得最干净，但是一定不能说看谁吃得最快。这是一个大禁忌。

曾经一个孩子午餐在幼儿园吃海带汤，因为老师说了一句“看谁吃得快”，这个孩子为了得到老师的表演，将大块的海带来不及咀嚼就咽下去了，结果孩子晚上胃不舒服，睡觉的时候吐了一床，其中还有没消化掉的海带块。这个案例是非常值得幼儿园老师反思的。

二、在做游戏的过程中了解规则的重要性

在做游戏的过程中，孩子的天性能够得到最大限度的解放，这时候孩子接受事物的能力也是最强的，所以孩子可以在游戏的过程中明白怎样遵守公共秩序，做一个有涵养的好宝宝。

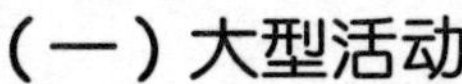

（一）大型活动

幼儿园开放日

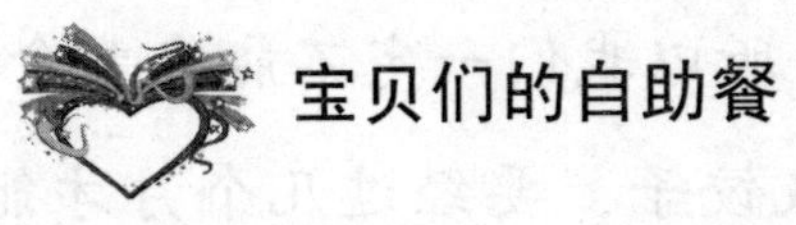

宝贝们的自助餐

【活动准备】

让家长给每个孩子准备 3 人份的水果、小零食，并做好准备，参加幼儿园的大型晚宴。

【活动过程】

幼儿吃过早饭后，老师带领孩子到公共区域，参与包饺子和做蛋糕的过程。

在包饺子的过程中，每个孩子都要亲手和面，老师和保育员把准备好的饺子皮发给宝宝们，每个宝宝可以包两个饺子。这个过程需要老师帮助每一个孩子来完成。

在做蛋糕的过程中，每个宝宝都可以制作一个蛋糕坯子，在上面放上自己喜欢的水果和奶油、果酱等，最后由老师统一放进烤箱中烤熟。

在饺子煮熟、蛋糕烤好了之后，老师要带领孩子一起来布置自助餐的现场，摆好水果、零食、蛋糕、饺子及餐厅事先准备好的其他餐点。同时老师要将桌椅摆放好。老师要事先和孩子们说

好，吃自助餐的规矩是：公共场所禁止大声喧哗、每次取餐要勤拿少取，不能浪费。

“小朋友们，今天我们每个人都参与到了做饭的过程中，大家都很棒，也很辛苦。但是你们知道吗？爸爸妈妈每天都是这样辛苦为大家准备饭菜的，所以我们一定不能浪费食物。而且，从一粒种子到变成面粉包成饺子，要经过几个月才能完成。冬天，农民伯伯将种子播撒到田野里，到了春天，小麦的叶子油绿油绿的，特别美，风一吹过，就像一片绿色的海洋。到了夏天，麦子的叶子会变成金黄色的，沉甸甸的麦穗会垂下头。然后农民伯伯会用收割机和脱粒机将麦粒从麦穗上剥离下来。就这样，农民伯伯收获了很多很多的麦子。麦子收割之后，要被送进加工厂磨碎变成面粉，然后运到超市被大家买回家，然后才能做饭。刚刚大家包的饺子，就是经历了这么多的事情才能变成美味的食物的。所以如果我们浪费食物，就浪费了一粒种子几个月的成长，浪费了那么多人的辛苦劳作。老师想想就会觉得很可惜。所以我们一定要做一个不浪费食物的好宝宝。今天我们邀请爸爸妈妈一起来幼儿园吃晚饭，这顿晚餐是宝宝们亲手准备的，所以，这顿饭算是宝宝们请爸爸妈妈吃的呢。大家自豪吗？”

（二）活动总结

通过这样的大型活动，能让宝宝明白在公共场所的秩序，同时明白粮食的来之不易，更能明白爸爸妈妈每天的辛苦。在条件允许的情况下，老师可以带领孩子一起种菜苗，让宝宝亲自照顾自己的小菜园，这样在秋天收获的时候，宝宝会更加有成就感。

三、我是自理小达人

宝宝在学会自理的过程中，通常会锻炼自己的小肌肉精细动作，并促进宝宝的小脑发育以及开发。所以一味溺爱孩子并不是对孩子最好的照顾，让孩子真正掌握自立的能力，才是对孩子最好的爱。

（一）老师讲故事

小小猫要过生日了，猫妈妈准备了很多好吃的，小小猫邀请了好多好朋友到自己的家里和自己一起庆祝生日。小熊为小小猫带来了一罐蜂蜜，这一罐蜂蜜是小熊自己去森林里采回来的呢。小羊为小小猫带来了一个风筝，据说这个风筝是小羊自己亲手制作的呢。小松鼠在大森林里忙来忙去准备了整整一周，为小小猫带来了好多坚果。

小兔子带来了一根胡萝卜，小兔子说："对不起，小小猫，我不会做什么，所以，亲手从地里拔来了这根萝卜，不知道你会不会喜欢吃。"

小小猫笑着说："当然喜欢了，老师说过，挑食不是乖宝宝。"

大家在小小猫的家里玩得非常开心，猫妈妈为大家准备了生日蛋糕、冰激淋、意大利面，还有炸薯条，都是小朋友们最喜欢吃的。大家都开开心心地吃。可是，小兔子却突然哭了起来。

猫妈妈说："小兔子，你怎么了，是不是阿姨做的饭不合你的胃口？那你告诉阿姨你想吃什么，阿姨给你做啊？"

小兔子哭着说："不是的，这些都是我喜欢吃的，可是我不

会自己吃饭，我现在好饿、好着急啊。”

小小猫说：“啊？小兔子，原来你还不会自己吃饭啊，没关系的，我可以教你。”说完，小小猫拿起一根叉子教小兔子吃意大利面，这时小羊也过来说：“小兔子，我可以教你用勺子的，你看，很简单的，就这样用手握住勺子柄，我们就可以盛汤了。你来尝尝，这个汤超级美味的。”

这一天，小兔子在小伙伴的帮助下学会了很多本领，最后还在小松鼠的帮助下学会了自己穿鞋子。小兔子回到家中，看见兔妈妈正在帮自己洗袜子，她跑过去对妈妈说：“妈妈，您来教我洗袜子吧，您不知道，今天我在小小猫的家中学会了自己吃饭，我还学会了自己穿鞋呢！我觉得自己的事情自己做真的很好，所以我现在想学会自己洗袜子，等我长大以后还能帮助妈妈洗袜子呢！”

兔妈妈高兴极了，说：“天啊，我的宝宝长大了，能自立了，妈妈实在太高兴了！”

通过老师讲的故事，小朋友们都会知道，之前不会自己吃饭的小兔子一点都不优秀，但是小兔子很虚心学习，所以很快就学会了自己吃饭，还学会了自己穿鞋子，最后还在妈妈的帮助下自己洗了袜子。虽然我们在学习的过程中会有点慢，但是丝毫不影响我们即将成为一个更棒的宝宝啊！所以只要小朋友们想做，就一定能够做好。

（二）实践课程——我会自理了

通过老师的引导和启发鼓励幼儿在园内基本上掌握自理能力。老师要及时和家长沟通，尽量不要给孩子穿系鞋带的鞋子，衣服要宽松，这样孩子才能自己穿脱。小孩子的衣服主要以舒适方便为主，所以家长一定要配合老师的工作。

美国教育家爱雷·马洛尼提出：培养孩子的要决之一，就是“能够早让他们自立”。他说：“过分的保护只会妨碍孩子从生活中通过自身实践去获得有效经验教训，从而影响其尽快成长。”要想自立必须自理，所以培养孩子的自理能力是首要的。

首先很重要的一点是引起家长的重视。有些家长只关心孩子的健康、如何开发孩子的智力、如何让孩子更加聪明，但是提到让孩子学会自理，家长就不是特别重视。有一部分家长是由于自己本身性子急，所以见不得孩子慢吞吞的样子，最后急不过，就自己动手帮孩子做了。有些家长是嫌孩子自己吃饭脏，所以一定要亲自喂孩子吃饭。有些家长是过于担心孩子的安全问题：自己吃饭怕扎到嘴，自己穿衣服怕扭伤胳膊。总之，每个不鼓励孩子自理的家长，都有一个爱孩子的理由。但这份爱是孩子承受不起的爱，因为幼儿时期是孩子锻炼小肌肉群及精细动作的最好的时期，一旦错过了，就会错过孩子成长发育的最好时期。同时，喜欢自己动手的孩子才更具备主动思考的能力，所以家长一定不能阻碍孩子的自我成长。

在美国，一岁多的婴儿就要学习自己吃饭、独睡自己的房间，三四岁的幼儿进行自理的教育，四五岁的孩子能把房间收拾整齐。

而在中国，很多孩子在家吃饭全靠父母喂饭。在幼儿园里，孩子暂时离开了爸爸妈妈的过度保护，所以这里是锻炼孩子自理能力最好的环境。很多孩子在幼儿园是完全能自理的，一回到家里立刻变成了一个“婴儿”宝宝，家长也不相信自己的宝宝能够自理。所以，在帮助孩子学会自理的过程中，家园一致很重要，而要想达到家园一致，首先要增强家长的信心。

（三）幼儿园开放日

为了增强家长对孩子的信心，幼儿园可以开展开放日，邀请家长来幼儿园参观，并参与到孩子的幼儿园生活中来。很多家长通过开放日发现，孩子不仅会自己吃饭，而且吃得很好。有的妈妈在家长开放日时看到孩子会剥鸡蛋、会吃鱼感到非常惊讶，同时也意识到自己在教育孩子过程中的不足。所以请家长相信自己的孩子，给孩子一个成长的机会。

自理能力的培养在幼儿期是一个重要的开发期，所以我们不要忽视这段的培养，抓住这一关键期培养孩子的自理能力。要想达到家园共育，老师可以在家长开放日结束之前，给所有家长开一次家长会，在会议上和家长达成协同育儿的统一意见。

1. 支持鼓励孩子自理的要求

幼儿期有着强烈的好奇心，他们对新奇的事往往都有探究的欲望。当孩子们有这种欲望时，老师和家长应该积极地支持和鼓励。同样在生活自理方面也是如此，当孩子看到父母刷牙、洗脸时可能会说“我也自己刷牙”，这个时候一定要支持孩子的欲望，不要担心孩子会弄湿衣服、弄洒水。

2. 要激发幼儿生活自理的兴趣

兴趣是成功的开始。只有对某些事情产生了兴趣，才能更加喜欢去做某些事情。我们可以利用讲故事、唱儿歌、做游戏等形式，使孩子懂得自己的事情自己做，懂得利用自己的小手可以做许多的事情，从而激发孩子生活自理的兴趣。

3. 教给孩子生活自理的技能

无论是大人还是孩子都是在不断地探索，在学习中学会一切的。要提高孩子的生活自理能力，就应当教给孩子劳动的技能给以正确的引导，让孩子观察妈妈是怎样洗袜子的，爸爸是怎样刷牙的。渐渐地，宝宝就会从中掌握正确的方法。

4. 根据孩子的年龄特点和能力培养孩子的自我服务意识

《大纲》中要求教育孩子要根据孩子的年龄特点，尊重幼儿身心发展的要求。教育不能超越孩子的能力范围。把孩子不能完成的任务交给孩子，不但不会促进孩子的自理能力的提高，反而会让孩子感到自卑，从而失去兴趣。比如说洗衣服，如果开始就让孩子洗一件上衣，孩子尝试之后感觉非常困难，会对洗衣服产生厌烦和恐惧心理，也许以后再也不愿洗衣服了。如果根据孩子的年龄特点给孩子一块手帕，或者孩子自己的小袜子，宝宝就会感觉很轻松，再加上大人的表扬，孩子尝到了成功的喜悦，从而激发了孩子自我服务的兴趣。在幼儿园中，老师要求孩子午睡之前，将袜子塞进鞋子里，整齐地摆放在床下。脱下来的衣服要整整齐齐地叠好，摆放在自己的小枕头旁边。很多孩子学会了这个技能之后，会整理家里的玄关处，将爸爸妈妈的鞋摆放得整整齐

齐。这就是孩子的主动意识。

5. 对孩子生活自理能力的培养要持之以恒

一种习惯的养成不是一朝一夕的事情，需要天天做，时时做持之以恒。幼儿生活自理能力的培养更是如此。我们不能今天让孩子去自理，明天觉着孩子太辛苦或者太麻烦就一切代劳。如果孩子已经学会了自理，家长却越俎代庖，会让孩子对家长产生依赖性，从而形成惰性。

6. 家园密切配合，共同培养孩子的生活自理能力

幼儿园的教育理念是让孩子学会生活、学会学习、学会做人。这一切的完成都需要家长密切的配合，家园统一思想，统一教育，共同培养幼儿的自理能力。

孩子学会了自理，就会减少对他人的依赖性，会更加具备主动探索的精神，也更加自信，为以后进入竞争激烈的社会打下了坚实的基础，能够坚强地面对生活，坚强地自立于社会。

第二节 幼儿的安全意识教育

在幼儿阶段，很多孩子缺乏安全意识，经常会酿成很多悲剧。所以提早让孩子形成安全意识、并有自我保护的意识，是非常必要的。

一、安全教育的重要性

幼儿园时期的安全教育关系到家长对幼儿园的信任，以及孩子的健康成长，所以无论是哪个时期的幼儿，都要一直持续进行安全教育。

二、幼儿安全教育

（一）幼儿防火安全教育

1. 基本要求

幼儿不可以玩火。不可以带火柴或打火机等火种；不可以随意点火，禁止在易燃易爆物品处用火；不可以在公共场所燃放鞭炮，更不允许将点燃的鞭炮乱扔。在火灾现场，小宝宝要坚持先逃生的原则。

2. 火灾的处理办法

家中起火，不要慌张，应根据火情及时采取相应措施：如果炒菜时油锅起火，迅速将锅盖紧紧盖上，使锅里的油火因缺氧而熄灭，不可用水扑救。房间内起火时，不能轻易打开门窗，以免空气对流，形成大面积火灾。纸张、木头或布起火时，可用水来扑救，而电器、汽油、酒精、食用油着火时，则用土、沙泥、干粉灭火器等灭火。如果火势很大，必须立即报火警打 119。

3. 发生火灾应如何报警

火警电话的号码是 119，在发生火灾之后立刻拨打电话，并说出自己家的准确地址。在没有电话的情况下，应大声呼喊或采取其他方法引起邻居、行人注意，协助灭火或报警。

4. 遭遇火灾如何正确保护自己

（1）身处平房的宝宝，如果门的周围火势不大，应迅速离开火场。反之，则必须另行选择出口脱身（如从窗口跳出），或者采取保护措施（如用水淋湿衣服、用温湿的棉被包住头部和上身等）以后再离开火场。

（2）身处楼房的宝宝，发现火情不要盲目打开门窗，否则有可能引火入室。更不能盲目乱跑、不要跳楼逃生。可以躲到居室里或者阳台上。紧闭门窗，隔断火路，等待救援。有条件的，可以不断向门窗上浇水降温，以延缓火势蔓延。

（3）在失火的楼房内，逃生不可使用电梯，应通过防火通道走楼梯脱险。

（4）因火势太猛，必须从楼房内逃生的，可以从二层处跳下，但要选择不坚硬的地面，同时应从楼上先扔下被褥等增加地面的缓冲，然后再顺窗滑下，要尽量缩小下落高度，做到双脚先落地。

（5）逃生时，尽量采取保护措施，如用湿毛巾捂住口鼻、用湿衣物包裹身体。

（二）幼儿用电安全教育

对幼儿进行安全用电教育，首先必须让孩子掌握有关电的相关知识和内容:如，电是什么，电的种类，雷电是什么，静电是什么，电的应用，电的危害，如何做到安全用电，等等。

教师可用通俗易懂的语言告诉孩子：电是一种自然现象，干燥的物品相互摩擦会产生静电，下雨打雷时会产生雷电。电与人们的生活息息相关，没有电，我们的夜晚将一片黑暗，没有电，就不会有手机也不会有电视，所以电是一个非常了不起的发明。

电虽然对人们的生活非常重要，但应用不当会造成伤害，掌

握安全用电知识非常重要。

1．学会看安全用电标志

电箱上的红色：用来表示禁止、停止的信息，遇到红色标志，应该严禁触摸。黄色：用来警示，如“当心触电”“注意安全”等。

2．金属品都是导电的

让宝宝了解电流通过人体人会死亡，而金属物会将点引导我们的身上。凡是金属制品都是导电的，千万不要用这些工具直接与电源接触。如：不用手或导电物（如铁丝、钉子、别针等金属制品）去接触、试探电源插座内部。

3．水也是导电的

不要用湿手触摸电器。如：电视机开着时，不用湿毛巾擦拭，防止水进入机壳内造成短路，机毁人伤。不能用湿手接触插头，这样容易触电。

4．触电后大声呼救

见有人触电要设法及时关掉电源（可呼喊大人），不要用手直接去救人，应呼喊成年人相助，不要自己处理，以防触电。木头、橡胶、塑料等物体不导电，叫绝缘体。这些工具可直接接触电源，不会引起触电，遇到有人触电，可用干燥的木棍、竹竿等，将接触者与带电的电器分开。

5．认识开关

认识、了解电源总开关，学会在紧急情况下关闭总电源。

6．正确拔插头

电器使用完后，应立即拔掉电源插头。拔掉电源插头时不要

用力拉拽电线，以防止电线的绝缘层受损造成触电。

7．不自己拆装电器

不要随意拆卸、安装电源线路、插座、插头等。哪怕安装电灯泡等简单的事情，也要先关掉电源，并在父母的指导下进行。

8．不碰露在外面的电线

见到脱落的电线时，千万要躲远，对于裸露的电线头更不能用手碰。

9．不在电闸旁玩

电闸盒旁，危险重重。不要在电闸附近玩耍，不可随意动电闸，以免发生短路、漏电等危险。不要在变压器、高压线等附近玩耍，更不要接触这些东西。

10．雨天防雷电

遇到下雨打雷打闪，要关掉电视机、音响设备，拔掉电源插头，并尽量不外出，以防雷击。

（三）不和陌生人说话

1. 基础要求

（1）陌生人要你跟他出去玩时，不能跟他一起去。

（2）陌生人给你礼物或好吃的东西时，不能要。

（3）陌生人要去你家时，不能带路。

（4）陌生人硬拉你跟他走时，要反抗，大声呼救。

2. 活动准备

给宝宝观看不跟陌生人走的视频

3. 活动过程

集体讨论：小朋友在幼儿园，如果有你不认识的叔叔来接你，你会跟他走吗？如果他要给你很多好吃的东西呢？如果他手里有很好玩的玩具呢？

4. 课堂延展

给宝宝讲《白雪公主》的故事。

小朋友们，白雪公主犯了好多错误，让我们来一一帮她改正。

当一个坏人变成陌生老奶奶的样子的时候，敲敲门，她就给陌生人开门了，这样做很危险！

第二次又有坏人来了，这一次是卖苹果的，结果白雪公主又给坏人开门了。

当陌生人给了白雪公主一个苹果的时候，她居然相信陌生人的话，收下了陌生人的苹果。

当她吃苹果的时候，居然没有洗干净，于是中毒了，需要王子的帮助。

如果白雪公主不给陌生人开门，那么就不会遇到危险了。所以我们一定要做一个聪明的小公主，不学白雪公主。但是我们对待陌生人要有礼貌，只是不能轻易相信他们的话，尤其是不能跟陌生人走。

三、课程总结

针对幼儿的安全教育还有很多很多，生活中的很多时候都需要孩子注意安全。老师在给孩子灌输安全意识的时候，一定要注意不能吓唬孩子，否则会打消孩子探索世界的积极性。这个世界

本来就是一个矛盾的结合体。我们一面害怕孩子发生危险，一面又希望孩子可以具有探索精神。这就要求老师在教会幼儿安全意识的同时，要掌握好尺度，将正确的方式方法教给孩子即可。同时，在安全教育上一定要达到家园共育，老师也要提醒家长，不要以安全教育为目的恐吓孩子，让孩子心中始终拥有灿烂的阳光，做一个阳光乐观的好孩子。

结语

幼儿教师的素质决定着学前教育的质量，每一个幼儿教师都应具备全心全意、尽职尽责的工作作风，不仅需要为幼儿创建优越的物质环境以满足幼儿生理需求，同时也决不能忽视精神环境的创建，以满足幼儿的心理需求，促进幼儿身心健康和谐发展。

无论在生活还是教学上，幼儿教师都要做到精益求精；既要平等地对待每个幼儿，还要注意培养他们良好的行为习惯，教他们如何做人，如何学习，如何生活，让每一个幼儿都能健康快乐地成长。

每一位幼儿教师都应具有终身学习与持续发展的意识和能力。幼儿教师的专业化成长不是一蹴而就的，是一个长期的过程。只有不断学习，及时更新知识，充实自己、发展自己，才能有过硬的科学文化知识，较强的业务素质，专业的技能技巧。只有这样，才能成为一名幼儿喜欢、家长尊敬的好教师，才能称得上是一名优秀合格的幼儿教师。